工学のための

物理学基礎

－力学－

渡邉 努・木山 隆・山下 基
安武伸俊・横田麻莉佳・筑紫 格
共著

培風館

まえがき

　本書は，理工系大学に入学して物理は必要だけど，専門としない学生が大学初年次の物理の講義で学ぶべき内容（おもに力学分野）を説明した教科書である。実は，高校と大学初年次の物理の講義で物理の内容そのものは大きく変わらない。大きな違いは，物理で扱う数学の内容である。大学初年次の物理の講義では，高校の物理の説明では使っていない微分積分やベクトルを普通に使って説明する。そのことによって，高校の物理よりは，より一般的で抽象的な内容になるけれど，内容が理解できれば全体の見通しはよくなる。

　本書の特徴は，おもに 1，2 年生の物理の講義を担当している私立大学の教育センター物理教室に在籍している方々による執筆であるという点にある。私立大学では多様な入試形態の結果，理工系のどの学部・学科でも（たとえ物理が必須の学科でも）高校で物理を習っていない学生が一定数含まれているのが，最近の状況である。これら執筆陣は，そのような学生を相手に日々講義を行っているので，高校で扱われている物理の内容もよく理解したうえで，これから理工系学部で必要となる修得すべき物理の内容を説明している。また，高校で物理を習っていない学生にも，高校での内容を復習しながら数学の説明にもそれなりのページを割いて，なるべくスムーズに大学で修得すべき内容に入っていけるように工夫したつもりである。そのために，物理の専門家からすると曖昧な部分や厳密でない記述も散見されるかと思うが，その点についてはご容赦いただきたい。基本的には半期 15 週で扱うべき内容となっているが，各学部によって扱う内容が違うところもあるので，少し内容は多めである。したがって，講義にあたっては内容を取捨選択して使っていただければよいと思う。

　また，インターネットの普及と新型コロナウイルス感染症の影響もあって，Web を活用した講義も，もはや特別なことではなくなっている。この状況を利用してより詳しい内容の説明や，章末問題の細かい解説などを URL や 2 次元バーコードを用いてアクセスして，本書の内容をさらに理解できるようにした。

　各章は，以下の執筆者によって担当されている。0 章は筑紫格，1 章，9 章，10 章は渡邉努，2 章，5 章は山下基，3 章は木山隆，4 章，6 章，11 章は安武伸俊，7 章，8 章は横田麻莉佳，全体の編集は渡邉努が担当した。

　本書が，大学初年次の物理を必要とする読者の皆さんに少しでも役に立てば幸いである。

　　2021 年 10 月

執筆者を代表して　筑紫　格

培風館のホームページ

http://www.baifukan.co.jp/shoseki/kanren.html

から，補助説明「工学のための物理学基礎—力学—」に
入ることができる．参考にして有効に活用していただき
たい．

目　　次

0

はじめに

　本章は，物理が苦手な人，なぜ大学で（専門でもないのに）物理をやらないといけないのか？ と疑問に思っている人に読んでいただきたい章です。物理を学ぶのが楽しくてしかたがない人，意欲的に物理に取り組むことができている人は，1章に進んでさっそく物理を学んでいきましょう。

　あなたは，高校のときに物理を習ってきたでしょうか？ この本を手に取っているということは，大学入学後，カリキュラムの関係で物理を学ばないといけない人が多いでしょう。その中には，物理は高校でも好きだったから，やってやるぞ！ と意気込んでいる学生の皆さんもいるでしょうが，高校のときに苦手だったし，なぜ大学でわざわざ物理をやらないといけないのか？ と疑問に思っている人も多いでしょう。また，高校で物理は一通りやってきたから，今さら同じ力学から勉強するといっても，時間の無駄だ。と思っている人もいるかもしれません。本章では，どちらかというと今物理を学ぶことに消極的な人に，ぜひ前向きになってもらいたいと思い，大学では何を学ぶのか？ なぜ物理を学ぶのか？ について説明して，少しでも物理を学ぶことに前向きになってもらいたいと思います。

0.1　なぜ物理を学ぶのか

　なぜ物理を学ぶのかを説明する前に，高校と大学の学びの違いについて理解しましょう。

　実は，高校では学習指導要領に従って教える必要があるので，学ぶべき内容が決まっています。いくら，主体的に考えて学ぶように言われても，学ぶべき内容が決まっていたら，成績評価をするときは学ぶべき内容の範囲内でどれだけ理解しているかが重視されます。すなわち，学ぶべき内容をすべて丸暗記していればそれなりの成績を取ることができ，進路を決める際にはその成績が大きな判断材料となるのです。つまり高校では，知っていること，学ぶべき内容の範囲内で理解していることが，成績評価されるうえで大きな割合を占めています。また，学ぶべき内容が決まっているので，「これは習っていません」という言い訳が（本当はそのような言い訳はしてもらいたくはないのですが）通用します。

　大学は，見方を変えれば皆さんにとって，社会に出る前の準備期間と位置づけることができます。学校生活が終了して社会に出ると，学校で生活しているときと比べて，答えのない問題を自分で解決していく必要のある場面に多く出くわします。つまり，社会に出るときに重要なのは，ある程度の知識を前提として，答えのない問いにいかにして対応して

いくかということなのです＊。もちろん，答えのない問いに対する答えは１つではないので，自分なりに考えて答えを出していく必要があります。したがって，**大学で皆さんに最も身につけていただきたいことは，自分なりの答えを出していくときの物事の考え方なのです。**実は，物事の考え方は１つではありません。先行きが見通せない，何が起こるかわからない時代だからこそ，いろいろな考え方を身につけることによって，答えのない問いに様々な観点から考えることが必要です。そのことが，不確実な時代に自分にとって最適な答えを導き，未来を切り開いていくことにつながるのです。

　いろいろな考え方がある中で，特に理工系を専門とする学生に必須の考え方が，**科学的な考え方**です。皆さんは今，高度に科学技術が発展した世界で生活しています。まわりを見渡して少し考えただけでも，皆さんの身のまわりにはたくさんの科学技術の成果があることがわかるでしょう。電気，ガス，水道の基本的な生活インフラに加えて，スマートフォン，テレビなどの情報通信機器，冷蔵庫，洗濯機，エアコンなどの家電製品，電車，自動車などの移動手段，レントゲン，MRIや医薬品などの医療関係，およびそれらを支える高度な機能をもった素材や材料と，あげればきりがありません。これらはみな，科学的な考え方に基づいて，研究者や専門家がコツコツと積み重ねて発展させてきた成果です。

　実は，この科学的な考え方が最も典型的に表れているのが，物理学です。物理学の中でも力学の分野は，この科学的な考え方がはっきりと出ている分野です。高校で物理を習っていないけれども，理工系を専門とする１年生に物理の中で特に力学を学ばせる学科が多いのは，皆さんに科学的な物事の考え方を身につけてもらいたいと願っているからだと思います。

　また，物理が必須の学科で，改めて入学後に物理を学ぶ理由は，高校で習う物理には制約があり，物理の内容の説明に数学の微分・積分が使えないことにあります。大学では，微分・積分を使うことができるので，微分・積分を使って物理の内容を説明することにより，高校で習った物理の見通しがよくなります。

0.2　科学的な考え方とは

　科学的な考え方とは，考える対象を，(1) よく観察する，(2) 取り出す，(3) 個別に考える，(4) 数値化・記号化する，(5) 一般化する（まとめる），ことです。以下にこれらの内容を，詳しく見ていきましょう。

(1)　よく観察する

　科学的な考え方をする前の大前提として，「**よく観察する**」があります。これが，科学技術の発展の大前提です。現代の科学技術の発展のルーツをたどると，西暦1500年頃にイタリアで起こったルネサンスという文芸復興の時代が，そのルーツとされています。ヨーロッパではルネサンスを迎えるまでは，1000年以上にわたって社会全般がキリスト教の大きな影響を受けてきました。世の中のすべてのことは聖書に書かれている，聖書を教典とするキリスト教さえ信じていればみんなは幸せになれる（＝救われる）と教えられ，社会の制度や仕組みもキリスト教の影響のもとに成り立ってきたのです。それに対して，西

＊　ある程度の知識といいましたが，大学では学ぶべき内容に制限はないので，「これは習っていません」は言い訳として通用しません。習っていないことでも，これから必要なことは自分で調べるなりして知識として知っておく必要があります。

暦 1200 年頃から徐々に，有力な人の中でそれまでに成り立ってきたキリスト教の影響を受けた制度や仕組みに，**疑問をもつ人**が出てきました[*1]。キリスト教の影響が最も大きかった時代に，疑問をもつこと自体がはばかられる風潮がありました。そのような風潮の中で，まわりを見て比較したり，考えたり，観察したりしたうえで疑問をもつということは，非常に勇気のいることです。それまで当たり前に思ってきたキリスト教中心の世界に対する疑問，その疑問が蓄積されて，文化・芸術の変化として一気に現れたのがルネサンスです。当時イタリアで，キリスト教の影響を受けていないものといえば，辺りに気にもとめられずに転がっているギリシャ時代の彫刻や，古代ローマ時代の遺構になります。芸術家たちは，まずはそれらをじっくりと観察したり，まねをしたりすることによって，自身の表現を芸術にまで高めていきます。「見たい，知りたい，わかりたい！」という欲望の爆発が，ルネサンスの特徴です。それまで，ある意味盲目的にキリスト教を信じて何の疑いをもたなかった人々が，一部ではありますが徐々にまわりを観察し，疑問をもつようになってきたのがルネサンス時代であり，この「**よく観察し，疑問をもつ態度**」が現在の科学技術の発展へとつながっています。

　また，観察するということは，考える対象を意識することにつながります。考える対象をはっきりとさせることにより，ただ単に観察するだけでなく，積極的に知りたい状態を人工的につくり出して，観測を行うようになりました。この方法を，**実験**といいます。

(2)　取り出す(単純化，理想化)

　大前提である，観察した内容や考える対象を科学的に考えていくうえでまず必要なのは，その内容や対象から，**大事なところを「取り出す」**ということです。高校や大学の初年次で習う物理では，すでに身のまわりにある現象から大事なところを取り出しています。例えば，ボールを投げるような物体の運動を考えるとき，物理ではボールの大きさや形は考えないで，大きさはもたないけれども質量(重さ)は存在する**質点**という形で，**単純化と理想化**を行って運動を考えます(図 0.1)。また，高校の化学を学習した人は，理想気体という言葉を聞いたことがあるでしょう。実在する気体では，分子・原子が大きさをもっている影響と，分子・原子間で引力や反発力(斥力)が働いている影響を考える必要があるのですが，理想気体は大きさをもたない，引力や斥力(これらを合わせて相互作用といいます)が無視できるものとして，気体の性質を考えているのです[*2]。

(回転しない，空気抵抗を考えない)

摩擦を考えない

図 0.1　単純化・理想化

＊1　アッシジのフランチェスカや，フリードリヒ II 世がその先駆けとされる。塩野七生「ルネサンスとは何か」より

＊2　運動でボールの大きさを考えに入れると，空気抵抗の影響を考えないといけなくなります。また，ボールが回転する影響も考えないといけません。大きさはもたないけれど質量だけが存在する質点を理想的な物体として考えることによって，物体の運動の本質だけを捉えられるようにします。

皆さんが 3 年生や 4 年生で研究室に配属されて卒業研究などの活動を始めると，与えられたテーマにはまだ大事なところがわかっていない場合があるので，この「取り出す」ということを，一般には試行錯誤しながら何度か行うことになります。これが研究の苦しさでもありますが，うまくいったときの嬉しさは何物にも代えがたく，研究の醍醐味でもあります。

(3) 個別に考える

物事を考える対象を観察や実験によって明確にして，単純化・理想化を行って取り出したら，次は考えやすいようにうまく分割して，分割した対象を個別に考えます。先ほど例にあげた，地球上での物体の運動について考えると，運動している物体を地面に対して水平方向の運動と垂直方向(鉛直方向)の運動に分けて，水平方向がどのような運動をしているのか，垂直方向がどのような運動をしているのかを，1 つずつ別々に考えます。どのように分割すればよいのかについては，決まった法則はありません。ただ，高校や大学の初年次で学ぶ物理の内容では，分割の仕方はほぼ決まっています。誰もが扱いやすくてわかりやすい，分割の仕方になっていると思います。

これについても，まったく新しい研究に取り組むときに，どのように分割するかは，その後の研究がうまくいくかどうかを左右する重要な問題です。まだ答えのわかっていない研究に取り組むときには，今までの経験や知識を参考にして，うまい分割の仕方を試行錯誤することになります。

(4) 数値化・記号化する

例えば，実験でボールの運動を観察して動画に記録したとしましょう。そこに記録されたボールの動きは，ボールの動く様子が時間経過とともに記録されていて，具体的でイメージしやすいという意味でとてもわかりやすいです。しかし，それを科学的な方法で扱うには，ボールの運動を数値化したり，さらにはもっと抽象的に記号化したりする必要があります。ボールの運動の場合は，例えば図 0.2 に示すように，原点を以降の扱いが容易になるように決めてから，水平方向に x 軸，垂直(鉛直)方向に y 軸をとって，測定を開始してからボールが時間経過とともにどのように座標を変化させていくかを**数値化**します。そして，(3) で述べたように，x 軸方向だけの運動，y 軸方向だけの運動というように，運動の方向を個別に考えてそれぞれの特徴を見いだそうとします。場合によっては，観測を始めたときの時刻 $t = t_0$ での座標 (x_0, y_0)，$t = t_1$ での座標 (x_1, y_1)，地面に到達したときの $t = t_2$ での座標 $(x_2, 0)$ というように，より抽象的に**記号化**して現象を考えることもあります。

(5) 一般化する(まとめる)

このように，実験や観察を何度か繰り返して数値化していくと，うまくいけばそこに共通の性質を見いだすことができる場合があります。そのような場合に，それが今まで誰も

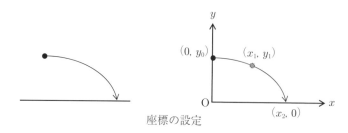

座標の設定

図 0.2　数値化・記号化

見いだすことができなかった性質であれば，新しい法則を発見した，または新たなモデルを提案したことになります。また，共通の性質は抽象化された記号で表すことによって一般化することができ，それを別の具体的な場合に適用することができるようになります。例えば，図 0.2 のような地球上におけるボールの運動の場合，水平方向は等速直線運動をし，鉛直方向は等加速度直線運動をするので，時刻 t での水平方向の速さ $v_x(t)$ と位置 $x(t)$ は*，$t = 0$ での水平方向の速さを v_{x0}，位置を x_0 とすると，それぞれ

$$v_x(t) = v_{x0} \quad (\text{時間に関係なく一定値})$$
$$x(t) = x_0 + v_{x0}t \quad (\text{時間 } t \text{ の 1 次関数})$$

の式で表すことができます。また，時刻 t での垂直方向の速さ $v_y(t)$ と位置 $y(t)$ は，$t = 0$ での垂直方向の加速度を a，速さを v_{y0}，位置を y_0 とすると，それぞれ

$$v_y(t) = v_{y0} + at \quad (\text{時間 } t \text{ の 1 次関数})$$
$$y(t) = y_0 + v_{y0}t + \frac{1}{2}at^2 \quad (\text{時間 } t \text{ の 2 次関数})$$

の式で表すことができます（詳しくは 4 章で学びます）。実は，解析力学の分野ではこれらの運動の式がもっと抽象的ではありますが，一般化してまとめられています。

　振り返ってみると，小学校から大学までの学びは，抽象的な思考に段階的に慣れていくことにも対応しています。小学校に入りたての頃は，リンゴ 2 つとリンゴ 3 つあわせて何個ですか？ といったような，具体的なもので算数の足し算を学び始めたのですが，まもなくそれが $2 + 3 = 5$ といった抽象的な数字で足し算を学ぶようになり，中学校に入る頃には $x + y$ といった文字式を使って足し算を表して，$(x + y)^2$ のような一般的な演算を学ぶようになりました。繰り返しますが，大学では抽象的だけれどもあらゆる状況や場面で有効な判断ができるような，考え方や物事を進めていくうえでの過程を修得していきます。これらの考え方や有効な過程の修得度合いは，場合によっては大学での成績評価にも反映されず，社会に出てからはじめて，その人の実力として発揮される場合があります。目にも見えず，数値として評価されないために，苦労が報われないと感じたり，思考力を鍛える方向ではなく安易な選択に走りがちですが，社会に出たときに大きな違いとして現れてくることを自覚して学びを積み上げてもらいたいと思います。

　以上が，科学的な考え方の基本です。科学的な考え方を身につけるには，これら一連の作業を何度も繰り返して身につけていくしかありません。本書では，これらの一部である「抽象化してまとめた式や考え方を具体的な対象や問題に適用する」ことを繰り返すことで，物理の内容を理解してもらい，それにより少しでも科学的な考え方を身につけてもらえれば幸いです。

　＊　表記 $v_x(t)$ と $x(t)$ は，それぞれ水平方向の速さ v_x と水平方向の位置 x が，ともに時刻 t を変数にもつ関数であることを示します。

1

科学の準備

　日常生活の中で，私たちは様々な物理現象を目の当たりにする。手で押された箱は動き出し，投げ上げられたボールは落下し，電車が急に止まると乗客は前に押し出されそうになる。これらはすべて物理現象であり，実験を繰り返すことでその起源となる物理法則が理解されてきた。物理学とは実験を通じて，自然を理解しようとする学問である。本章ではまず，物理学に出てくる「量」の取り扱い方と，これから物理を学ぶうえで必要となる数学の基礎を学ぼう。

1.1　物 理 量

　物理学では実験で測定される様々な「量」を取り扱うが，物理学が対象とするこれらの「量」のことを**物理量**とよぶ。例えば，「長さ」「時間」「質量」「温度」「気圧」「電力」など，これらはすべて実験で測定される物理量である*。そして，長さなら「3 m（メートル）」，時間なら「5 s（秒）」など，物理量は必ず「数値」の後に，その数値の基準となる「単位」をつけて表記される。

$$[物理量] \ = \ [数値] \ \times \ [単位]$$

表 1.1 に示すように，物理量はその種類に応じて様々な単位をもつ。

　物理学では惑星ほどの極めて大きな量から，原子や分子ほどの極めて小さな量まで，

表 1.1　いろいろな物理量の単位

物理量	代表的な単位
長さ	m（メートル）
時間	s（秒）
質量	kg（キログラム）
セルシウス温度	℃（度）
気圧	hPa（ヘクトパスカル）
電力	W（ワット）
熱量	cal（カロリー）
周波数	Hz（ヘルツ）
音量	dB（デシベル）

---

　*　「質量」はいまの時点では「重さ」とほぼ同じ量であると覚えておけばよい。厳密には，2 つはまったく異なる物理量であり，違う単位をもつ。

表 1.2　10 の整数乗を表す接頭語

10^3	10^6	10^9	10^{12}
k（キロ）	M（メガ）	G（ギガ）	T（テラ）
10^{-3}	10^{-6}	10^{-9}	10^{-12}
m（ミリ）	μ（マイクロ）	n（ナノ）	p（ピコ）

様々な大きさの物理量を取り扱う。そのような，大きすぎる，または小さすぎる物理量の数値は，10 の整数乗，すなわち指数表記を用いて表される*。

$$[地球の直径] = 1.2742 \times 10^7 \text{ m}$$

$$[電子の質量] = 9.10938 \times 10^{-31} \text{ kg}$$

また，表 1.2 のように，10 の整数乗倍は接頭語として定義された文字を，単位の前につけて表すことができる。例えば，「5300 g（グラム）」，「0.000278 m」はそれぞれ，「k（キロ）」，「μ（マイクロ）」とよばれる接頭語を用いて，

$$5300 \text{ g} = 5.3 \times 10^3 \text{ g} = 5.3 \text{ kg}（キログラム）$$

$$0.000278 \text{ m} = 278 \times 10^{-6} \text{ m} = 278 \text{ μm}（マイクロメートル）$$

と書き直すことができる。

ここで，指数どうしを計算するための基本公式を押さえておこう。2 つの指数を実数 a，b で定義すると，以下の公式が成り立つ。

公式 1.1（指数の基本公式）

$$10^a \times 10^b = 10^{a+b}$$

$$10^a \div 10^b = 10^{a-b}$$

$$(10^a)^b = 10^{a \times b}$$

$$\sqrt[b]{10^a} = 10^{a \div b}$$

例 1.1　地球上の海水の全体積を 1.4×10^9 km^3，バケツ 1 杯分の体積を 2.8×10^{-11} km^3 とおくと，地球上の海水の全体積はバケツ何杯分に相当するか求めよ。

[解]　海水の全体積をバケツ 1 杯分の体積で割ればよいので，

$$\frac{海水の全体積}{バケツ 1 杯分の体積} = \frac{1.4 \times 10^9}{2.8 \times 10^{-11}} = \frac{1.4}{2.8} \times \frac{10^9}{10^{-11}} = 0.50 \times 10^{9-(-11)}$$

$$= 0.50 \times 10^{20} = 0.50 \times 10 \times 10^{19} = \underline{5.0 \times 10^{19}杯分}$$

1.2　基 本 単 位

前節で学んだように，物理量は種類に応じて様々な単位をもつが，多くの物理量はそれぞれの物理量が複数の単位をもつ。例えば，「長さ」「時間」「質量」の単位は，次のようにそれぞれの物理量が複数の単位をもっている。

＊　指数とは，x^n と表記したときの実数 n のことであり，数値を指数を用いて表記することを指数表記とよぶ。

「長さ」 → 「m（メートル）」「cm（センチメートル）」「km（キロメートル）」など

「時間」 → 「h（時間）」「m（分）」「s（秒）」など

「質量」 → 「kg（キログラム）」「g（グラム）」「mg（ミリグラム）」など

しかし，物理量を比較する際に，各物理量の単位がバラバラであれば，これらを比較することは難しくなる。例えば，1 m という長さ 1 つを例にあげても，

$$
\begin{aligned}
1\ \mathrm{m} &= 100\ \mathrm{cm} \\
&= 0.001\ \mathrm{km} \\
&= 0.00062\ \mathrm{mile} \\
&= 33\ 寸 \\
&= 3.3\ 尺 \\
&= \cdots
\end{aligned}
\tag{1.1}
$$

のように様々な単位をもち，単位しだいで様々な数字をとり得ることがわかる。

　そこで，「長さ」なら「m（メートル）」，「時間」なら「s（秒）」，「質量」なら「kg（キログラム）」を共通して使おうという，国際的な決まり事が定められた。これを，**国際単位系**(International System of Units，略称：**SI**)とよぶ。表 1.3 のように，国際単位系では 7 つの物理量に対して共通して使う単位が定められており，これらの単位のことを**基本単位**とよぶ*。

　また，単位の中には次のように，複数の単位のかけ算，わり算から構成されるものも存在する。

「速さ」 → 「m/s（メートル毎秒)」

「加速度」 → 「m/s^2（メートル毎秒毎秒)」

「運動量」 → 「kg·m/s」

このように，複数の単位から構成される単位のことを**組立単位**とよび，組立単位は表 1.3

表 1.3 国際単位系(SI)が定める 7 つの基本単位

物理量	基本単位
長さ	m（メートル）
時間	s（秒）
質量	kg（キログラム）
電流	A（アンペア）
熱力学温度	K（ケルビン）
物質量	mol（モル）
光度	cd（カンデラ）

---

　* 「長さ」は「cm（センチメートル)」，「質量」は「g（グラム)」を基本単位とした，CGS とよばれる単位系もある。科学分野の多くは SI 単位系を用いるが，今でも特定の分野では CGS 単位系が使われている。

にある 7 つの基本単位から構成される。

$$[速さ：m/s] = [長さ：m] \div [時間：s]$$

$$[加速度^*：m/s^2] = [長さ：m] \div [時間：s] \div [時間：s]$$

$$[運動量^*：kg \cdot m/s] = [質量：kg] \times [長さ：m] \div [時間：s]$$

例 1.2　国際単位系(SI)を用いた，次の物理量の単位を求めよ。ただし，それぞれの物理量の後にある〔 〕内の計算方法を参考にしなさい。

(1)　密度〔＝(質量)÷(体積)〕　　　　(2)　力〔＝(質量)×(加速度)〕

[解]　(1)　体積の単位は基本単位を用いて，[長さ：m]×[長さ：m]×[長さ：m] = [体積：m³]と表されるので，密度の単位は次のように求まる。

$$[密度] = [質量] \div [体積] = kg \div m^3 = \underline{kg/m^3}$$

(2)　加速度の単位は基本単位を用いて「m/s²（メートル毎秒毎秒）」と表されるので，力の単位は次のように求まる。

$$[力] = [質量] \times [加速度] = kg \times m/s^2 = \underline{kg \cdot m/s^2}$$

1.3　次元解析

　組立単位がどのような物理量の基本単位の組合せからなるかを明らかにするために，**次元**とよばれる単位の表し方がある。表 1.4 に示すように，次元は国際単位系(SI)が定めた 7 つの基本単位に対して，L，T，M，… などの記号を用いて表される。

　例えば，「長さ(m)」の次元は「L」，「時間(s)」の次元は「T」なので，「速さ(m/s)」の次元は「LT^{-1}」と表記される。

$$[速さ：m/s] = \frac{[長さ：m]}{[時間：s]} = \frac{L}{T} = LT^{-1}$$

同様に，「加速度」や「運動量」の次元も，基本単位の次元を用いて次のように表記することができる。

表 1.4　国際単位系(SI)が定めた 7 つの基本単位の次元

物理量	基本単位	次元
長さ	m	L
時間	s	T
質量	kg	M
電流	A	I
熱力学温度	K	Θ
物質量	mol	N
光度	cd	J

　＊　「加速度」とは単位時間(1 s)あたりの速度の変化量，「運動量」とは運動する物体の勢いの度合いを表す量のことである。どちらも，本書の後の章で説明する。

$$[\text{加速度}：\text{m/s}^2] = [\text{速さ}：\text{m/s}] \div [\text{時間}：\text{s}] = \text{LT}^{-1} \div \text{T} = \text{LT}^{-2}$$

$$[\text{運動量}：\text{kg} \cdot \text{m/s}] = [\text{質量}：\text{kg}] \times [\text{速さ}：\text{m/s}] = \text{M} \times \text{LT}^{-1} = \text{LMT}^{-1}$$

物理学で導かれる物理法則の方程式は，必ず右辺と左辺の次元が一致していなければならない。これを逆手にとると，両辺の次元が一致するように基本単位の組合せを選ぶことで，物理量の間に成り立つ関係式を推定することができる。この手法を，**次元解析**とよぶ。

例 1.3　長さ l の糸の一端に，ある質量のおもりを取り付け，他端を天井に固定した振り子を考える。重力加速度の大きさを g とおくとき，振り子が 1 往復揺れるのにかかる時間（周期）が，$\sqrt{\dfrac{l}{g}}$ に比例することを証明しなさい。

[解]　おもりの質量を m，振り子の周期を T とおくと，T は l, m, g の 3 つの物理量のみと関連していることがわかる*。これより，次式を仮定することができる。

$$T = \alpha l^x m^y g^z$$

ここで，x, y, z は未知の定数であり，α は任意の値で無次元の（単位をもたない）定数である。x, y, z の値を，次元解析により求めてみよう。周期 T は時間なので，その次元は T である。同様に，糸の長さ l の次元は L，おもりの質量 m の次元は M，重力加速度 g は加速度なので，その次元は LT^{-2} である。よって，上記の式を次元で表すと次のようになる。

$$\text{T} = \text{L}^x \text{M}^y (\text{LT}^{-2})^z = \text{L}^{x+z} \text{M}^y \text{T}^{-2z}$$

この式の両辺で次元が一致するためには，

$$0 = x + z, \quad 0 = y, \quad 1 = -2z$$

の 3 つの式を満たす必要があり，これらの式から x, y, z の値はそれぞれ，$x = \frac{1}{2}$, $y = 0$, $z = -\frac{1}{2}$ であることがわかる。

よって，T は

$$T = \alpha l^{\frac{1}{2}} m^0 g^{-\frac{1}{2}} = \alpha \sqrt{\frac{l}{g}}$$

を満たすので，周期 T が $\sqrt{\dfrac{l}{g}}$ に比例することが証明された。

1.4　有効数字

はじめに，次の文章の意味を考えてみよう。

この木の高さは「7 m（メートル）」である。

日常生活においては何の違和感のない文章であるが，科学的に「7 m」とは，小数点以下第 1 位を四捨五入して「7 m」になるものと解釈される。つまり，「7 m」とは「6.5 m から 7.4 m の間のどこか」のことであり，ある一定の範囲をもつ長さであることがわかる。

そこで，次のように言い直してみよう。

この木の高さは「7.0 m（メートル）」である。

上記の考え方に基づけば「7.0 m」とは，小数点以下第 2 位を四捨五入して「7.0 m」にな

---

*　実際の振り子（単振り子）の周期 T は円周率 π を用いて，$T = 2\pi \sqrt{\dfrac{l}{g}}$ から求められる。

るものと解釈される。すなわち，「7.0 m」とは「6.95 m から 7.04 m の間のどこか」のことであり，先ほどよりも値の範囲が狭まるので，より精度の高い表記に変わる。同様に，「7.00 m」，「7.000 m」，… としていけば，その数値の精度はさらに高くなる。

「$\dot{7}$ m」，「$7.\dot{0}$ m」などの表記で，$\dot{7}$ と $\dot{0}$ はどちらも，その物理量の精度を決める意味のある数字である。そこで，このような数字のことを**有効数字**とよぶ。また，1 つの物理量の中に含まれる有効数字の個数のことを，**有効数字の桁数**とよぶ。例えば，「7 m」「7.0 m」「7.00 m」の有効数字の桁数は，以下のように解釈できる。

$$「\dot{7}\ \text{m}」は有効数字 1 個を含む → 有効数字 1 桁$$

$$「7.\dot{0}\ \text{m}」は有効数字 2 個を含む → 有効数字 2 桁$$

$$「7.0\dot{0}\ \text{m}」は有効数字 3 個を含む → 有効数字 3 桁$$

このように，有効数字の桁数がその物理量の精度を決めるので，実験をするうえで測定値の有効数字を意識することは極めて重要である。

次に，「0.0070 m」という物理量の表記について考えてみよう。この中で，$\dot{7}$ と $\dot{0}$ はその物理量の精度を決める意味のある数字であり，これらは有効数字である。しかし，その他の 0 は精度には関係なく，ただ位を決めるだけの数字である。したがって，「$0.007\dot{0}$ m」が含む有効数字は $\dot{7}$ と $\dot{0}$ の 2 個のみであり，この物理量の有効数字の桁数は 2 桁である。

一方で，有効数字の桁数がはっきりしない物理量の表記も存在する。次の文章の意味を考えてみよう。

このビルの高さは「380 m（メートル）」である。

このとき，「380 m」の有効数字の桁数はいくつであろうか。これには以下のように，2 通りの解釈の仕方があることを押さえておこう。

- Case 1：「$\dot{3}8\dot{0}$ m」の $\dot{3}$ と $\dot{8}$ のみを有効数字とみせば，有効数字は 2 桁である。
- Case 2：「$\dot{3}8\dot{0}$ m」の $\dot{3}$，$\dot{8}$，$\dot{0}$ を有効数字とみせば，有効数字は 3 桁である。

Case 1 の場合，「$\dot{3}8\dot{0}$ m」は 375 m から 384 m の値の範囲をもつと解釈される。一方，Case 2 の場合，「$\dot{3}8\dot{0}$ m」は 379.5 m から 380.4 m の値の範囲をもつと解釈される。このように，有効数字の桁数がはっきりしない物理量は，指数表記で書き直すのがよい。

$$\square.\square\square\square\cdots \times 10^n$$

ここで，n は整数であり，$\square$ には 0 から 9 までの数字が入るが，一番左（小数点の左）の $\square$ には 0 以外の数字（1 から 9）が入ることに注意する。物理量をこのように表すと，$\square$ はすべて有効数字であると解釈される。すなわち，$\square$ の個数が有効数字の桁数となる。例えば，「380 m」を有効数字 2 桁で表したい場合は「3.8×10^2 m」，有効数字 3 桁で表したい場合は「3.80×10^2 m」と表記すれば，はっきりしない有効数字の桁数を明確にすることができる。

例 1.4　次の物理量を [　] 内の有効数字の桁数で表せ。
(1)　4 m [2 桁]　　　　(2)　0.06 s [3 桁]　　　　(3)　82613 mm [4 桁]

[解]　(1)　4 m を有効数字 2 桁で表すと，<u>4.0 m</u>
(2)　0.06 s を有効数字 3 桁で表すと，<u>6.00×10^{-2} s</u>，または <u>0.0600 s</u>
(3)　82613 mm を指数表記で表すと，8.2613×10^4 mm となる。これは有効数字 5 桁の表記

なので，有効数字 4 桁にするためには 3 を四捨五入すればよい。よって，82613 mm を有効数字 4 桁で表すと，$8.261\cancel{3} \times 10^4$ mm $≒ \underline{8.261 \times 10^4 \text{ mm}}$

1.5 物理的計算法

　異なる有効数字の桁数をもつ物理量どうしを計算したとき，その結果の有効数字は何桁になるだろうか。このように，有効数字を考慮して物理量どうしを計算する際には，**物理的計算法**とよばれる方法を用いる。

1.5.1 有効数字の足し算・引き算

　有効数字がバラバラの桁数をもつ複数の物理量を，足し算，または引き算する場合を考えよう。例えば，次の計算式の結果の有効数字は何桁になるだろうか。

$$73.459 \text{ m} - 2.70 \text{ m} + 155.7 \text{ m} = \ ?$$

この式で，73.459 m，2.70 m，155.7 m の 3 つの長さの有効数字の桁数はそれぞれ，5 桁，3 桁，4 桁である。物理的計算法によれば，**これらの物理量を足し算，または引き算する際は，有効数字の桁数に関係なく，すべての物理量の中で一番右の数字の位が最も高いものに結果をそろえなければならない。**いま，各項の一番右の数字の位は，以下の通りである *。

$$73.45\underline{9} \text{ m の } \underline{9} \ \rightarrow \ 小数点以下第 3 位$$
$$2.7\underline{0} \text{ m の } \underline{0} \ \rightarrow \ 小数点以下第 2 位$$
$$155.\underline{7} \text{ m の } \underline{7} \ \rightarrow \ 小数点以下第 1 位$$

すなわち，この中で一番右の数字の位が最も高い項は，第 3 項の 155.7 m（小数点以下第 1 位）であるので，結果の一番右の数字も小数点以下第 1 位にそろえなければならない。よって，この式を普通に計算すれば，その値は 226.459 m であるが，結果の一番右の数字が小数点以下第 1 位になるように四捨五入すれば，その結果は次のように表記される。

$$73.459 \text{ m} - 2.70 \text{ m} + 155.7 \text{ m} = 226.\overset{5}{4}\cancel{59} \text{ m} ≒ \underline{226.5 \text{ m}}$$

1.5.2 有効数字のかけ算・わり算

　有効数字がバラバラの桁数をもつ複数の物理量を，かけ算，またはわり算する場合を考えよう。

$$520.34 \text{ s} \times 0.60 \text{ s} \div 37.8 \text{ s} = \ ?$$

物理的計算法によれば，**これらの物理量をかけ算，またはわり算する際は，有効数字の桁数が最も小さいものに結果の有効数字の桁数をそろえなければならない。**いま，各項の有効数字の桁数は，以下の通りである。

$$520.34 \text{ s} \ \rightarrow \ 有効数字 5 桁$$

＊　足し算・引き算の場合は，各項の有効数字の桁数がすべて同じでも，結果がその有効数字の桁数と同じになるとは限らないことに注意せよ。

$$0.\overset{.}{6}0 \text{ s} \quad \rightarrow \quad \text{有効数字 2 桁}$$

$$37.\overset{.}{8} \text{ s} \quad \rightarrow \quad \text{有効数字 3 桁}$$

この中で，有効数字の桁数が最も小さい項は，第 2 項の 0.60 s（有効数字 2 桁）であるので，結果の有効数字の桁数も 2 桁にそろえなければならない。よって，この式をそのまま計算すれば，その値は 8.2593··· s であるが，結果の有効数字が 2 桁になるように四捨五入すれば，その結果は次のように表記される。

$$520.34 \text{ s} \times 0.60 \text{ s} \div 37.8 \text{ s} = 8.2\overset{3}{5}93 \cdots \text{ s} \coloneqq \underline{8.3 \text{ s}}$$

1.6 弧度法と三角関数

　物理学を学ぶうえで，三角関数(サイン，コサイン，タンジェント)は様々な物理法則を数式としてまとめるうえで，便利な道具となる。三角関数をすでに十分習得している読者は本節を飛ばしても構わないが，習ったことがない，または苦手意識をもっている読者は，本節を読んでしっかり修得してほしい。ここではまず三角関数の説明をする前に，物理学の角度表記でこれから多用する弧度法について説明する。

1.6.1 弧 度 法

　小学校や中学校で用いていた，円周を 360 等分した扇形の中心角を用いる角度のことを**度数法**とよぶ。この場合，角度の単位は「度(°)」を用いており，円の 1 周分を 360°，半周分を 180° などと表していた。

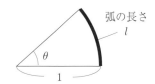

図 1.1　半径 1 の扇形と円弧

　ここで，図 1.1 のような，半径が 1 の扇形を考えよう。このとき，扇形の弧(こ)の長さ l を，扇形の中心角 θ とみなす方法のことを**弧度法**という。弧度法では，弧の長さを角度の代わりに用いるが，この長さの単位として「rad (**ラジアン**)」が用いられる。

　円周率を π ($= 3.141593\cdots$) とすると，半径が 1 の円の円周の長さは $2\pi \times 1 = 2\pi$ である。すなわち，1 回転の角度 360° を弧度法で表すと，2π [rad] となる。また，180° を弧度法で表すと，これは半径が 1 の円の半周分の円周の長さに等しいので，π [rad] となる。このように，度数法で表した角度 θ[°] を弧度法で表すには，半径が 1 で中心角が θ[°] の扇形の弧の長さを求めて，その値に「rad」の単位をつければよい。したがって，度数法から弧度法に変換するために，次の公式が用いられる。

公式 1.2 (弧度法の公式)

$$\theta\,[\text{rad}] = \theta\,[°] \times \frac{\pi}{180°}$$

　また，角度 θ を弧度法で表すと，半径が r，中心角が θ [rad] の扇形の弧の長さ l は，次の公式から求めることができる*。

---

　*　弧度法の単位である rad (ラジアン)は，省略することもできる。例えば，90° を弧度法で表すと $\frac{\pi}{4}$ [rad] であるが，「rad」を省略して単に $\frac{\pi}{4}$ と記述してもよい。

公式 1.3（円弧の公式）

$$円弧の長さ\ l = 円の半径\ r \times 中心角\ \theta\,[\text{rad}]$$

この公式が成り立つことを説明するために，図 1.2 で半径が 1 の扇形と，中心角が等しくて半径が r の扇形の弧の長さを比較する。2 つの図形は相似関係にあり，半径が r 倍されれば，その扇形の弧の長さも r 倍されるので，半径が r，中心角が $\theta\,[\text{rad}]$ の扇形の弧の長さ l が

$$l = r\theta$$

となることは明らかであろう。

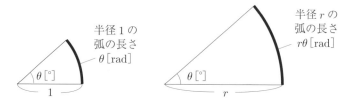

図 1.2　扇形の中心角と弧の関係

例 1.5　弧度法で与えられた次の角度 $\theta\,[\text{rad}]$ を，度数法で表せ。

(1)　$\theta = \dfrac{2\pi}{5}$　　　(2)　$\theta = \dfrac{5\pi}{3}$

[解]　(1)　弧度法より，$\pi = 180°$ であることを用いると，

$$\theta\,[\text{rad}] = \frac{2\pi}{5} = \frac{2}{5}\pi = \frac{2}{5} \times 180° = \underline{72°}$$

(2)　(1) と同様に，$\pi = 180°$ であることを用いると，

$$\theta\,[\text{rad}] = \frac{5\pi}{3} = \frac{5}{3}\pi = \frac{5}{3} \times 180° = \underline{300°}$$

例 1.6　度数法で与えられた次の角度 $\theta\,[°]$ を，弧度法で表せ。

(1)　$270°$　　　(2)　$-144°$

[解]　(1)　弧度法の公式より，$\theta[°] = 270°$ を代入すると，

$$\theta\,[\text{rad}] = \theta[°] \times \frac{\pi}{180°} = 270° \times \frac{\pi}{180°} = \underline{\frac{3\pi}{2}}\,[\text{rad}]$$

(2)　(1) と同様に，弧度法の公式より，$\theta[°] = -144°$ を代入すると，

$$\theta\,[\text{rad}] = \theta[°] \times \frac{\pi}{180°} = -144° \times \frac{\pi}{180°} = \underline{-\frac{4\pi}{5}}\,[\text{rad}]$$

1.6.2　三角関数

図 1.3(a) のように，原点 O を中心とする半径が 1 の円を描き，円周上の点 P を考える。x 軸の正の方向と線分 OP のなす角を θ とする。このとき，点 P の x 座標は $\cos\theta$（**コサインシータ**）で表記し，y 座標は $\sin\theta$（**サインシータ**）で表記される。$\cos\theta$ と $\sin\theta$ は，角度 θ に応じて値が変わる。この θ のことを，**位相**とよぶ。角度が鋭角($0 < \theta < \pi/2$)の場合には，図 1.3(b) のように斜辺の長さが 1 の直角三角形を考えることができる。ここで，

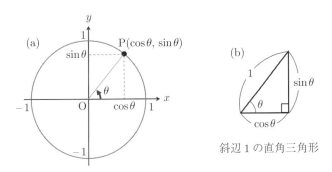

図 1.3 半径が 1 の円を用いた $\sin\theta$, $\cos\theta$ の定義

斜辺と底辺のなす角を θ としたとき，底辺の長さが $\cos\theta$，高さが $\sin\theta$ となる。また，これら $\cos\theta$ と $\sin\theta$ の比 $\frac{\sin\theta}{\cos\theta}$ は，$\tan\theta$（**タンジェントシータ**）で定義される。これら，sin（サイン），cos（コサイン），tan（タンジェント）のことをまとめて，**三角関数**とよぶ。

$\sin\theta$ を縦軸（y 軸）に，θ を横軸（θ 軸）にとって $y = \sin\theta$ のグラフを描くと，図 1.4(a) のような曲線が得られる。このグラフを，**正弦曲線**（サインカーブ）とよぶ。同様に，$\cos\theta$ を縦軸（y 軸）に，θ を横軸（θ 軸）にとって $y = \cos\theta$ のグラフを描くと，図 1.4(b) のような曲線が得られる。このグラフを，**余弦曲線**（コサインカーブ）とよぶ。

正弦曲線と余弦曲線の重要な特徴は以下の 3 点である。

(1) $\sin\theta$ と $\cos\theta$ はともに，最大値が 1，最小値が -1 の関数となる。

$$-1 \leqq \sin\theta \leqq 1, \quad -1 \leqq \cos\theta \leqq 1$$

(2) θ の値が $2\pi = 360°$ 変化すると，$\cos\theta$ と $\sin\theta$ の値はもとの値に戻る。すなわち，n を整数として次式が成り立つ。

$$\sin(\theta + 2\pi n) = \sin\theta, \quad \cos(\theta + 2\pi n) = \cos\theta$$

(3) 図 1.4 で示されているように，$y = \sin\theta$ のグラフを θ 方向に $-\frac{\pi}{2}$ だけ平行移動すると $y = \cos\theta$ のグラフになり，$y = \cos\theta$ のグラフを θ 方向に $-\frac{\pi}{2}$ だけ平行移動すると $y = -\sin\theta$ のグラフになる。すなわち，図 1.5 のように，P を円周上で $\frac{\pi}{2} = 90°$ だけ

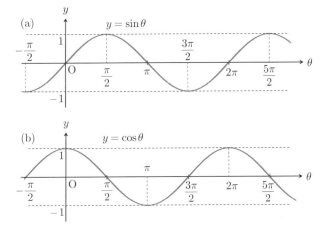

図 1.4 正弦曲線と余弦曲線

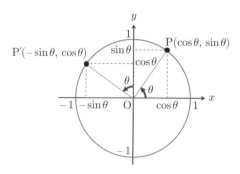

図 1.5 $\sin\theta$ と $\cos\theta$ の関係

反時計回りに回転させた点 P′ を考えると，P′ の x 座標が $-\sin\theta$，y 座標が $\cos\theta$ となることから次式が成り立つ。

$$\cos\left(\theta + \frac{\pi}{2}\right) = -\sin\theta, \qquad \sin\left(\theta + \frac{\pi}{2}\right) = \cos\theta$$

同様に，サインとコサインに関する，以下の公式を押さえておこう。

公式 1.4（サインとコサインの公式）

$$\sin^2\theta + \cos^2\theta = 1$$

$$\sin(-\theta) = -\sin\theta, \qquad \cos(-\theta) = \cos\theta$$

$$\sin\left(\theta + \frac{\pi}{2}\right) = \cos\theta, \qquad \cos\left(\theta + \frac{\pi}{2}\right) = -\sin\theta$$

$$\sin(\theta + \pi) = -\sin\theta, \qquad \cos(\theta + \pi) = -\cos\theta$$

1.7 直交座標と極座標

これから物体の運動を議論するうえで，物体がいまどこの位置にいるかを知るためには，座標を使いこなす必要がある。ここでは，読者がすでによく知っている直交座標に加えて，極座標とよばれるもう 1 つの座標の定義について学ぼう。

1.7.1 直交座標

互いに直交する x, y, z 軸を使って表す座標のことを**直交座標**，または**デカルト座標**とよぶ。図 1.6 のように，1 次元空間は x 軸，2 次元空間は x, y 軸，3 次元空間は x, y, z

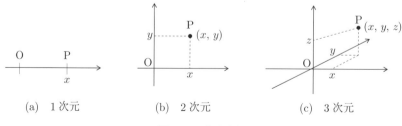

(a) 1 次元   (b) 2 次元   (c) 3 次元

図 1.6 直交座標

軸で表される。各空間において点Pを定義すると，Pの位置を示す x, y, z 軸上の数字のことをそれぞれ x, y, z 座標とよぶ。そして，Pの直交座標は 1, 2, 3 次元空間のそれぞれにおいて，x, (x,y), (x,y,z) と表記する。

1.7.2 極 座 標

2次元空間において物体の位置Pを直交座標で表したとき，x 座標，もしくは y 座標のみを時間とともに変化させれば，それはこの物体が x 方向，もしくは y 方向に直線運動していることを示している。一方，この物体が原点Oのまわりで回転運動している場合を考えると，Pの x, y 座標はともに複雑な変化を要求される。そこで，おもに回転運動を表記するために有効な座標として提案されたのが**極座標**である。

2次元空間の場合，直交座標は x, y 座標の2つの数字を使って (x,y) と表記したが，極座標では図 1.7(a) のように，原点OからPまでの距離を r，r と x 軸との間の角度を ϕ として，Pの座標を (r,ϕ) と表記する。

$$直交座標 \quad \rightarrow \quad (x,y)$$
$$極座標 \quad \rightarrow \quad (r,\phi)$$

ここで，極座標に用いる角度の単位は，度数法ではなく弧度法により，ラジアン単位(rad)を用いる。

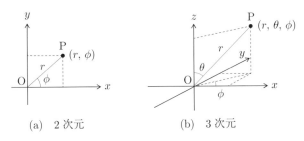

(a) 2次元   (b) 3次元

図 1.7 極座標

3次元空間の場合*，直交座標は x, y, z 座標の3つの数字を使って (x,y,z) と表記したが，極座標では図 1.7(b) のように，r, θ, ϕ という3つの数字を使って (r,θ,ϕ) と表記する。ここで，r はOからPまでの距離，θ は r と z 軸との間の角度である。また，Pから xy 平面に下ろした垂線と xy 平面との交点からOまでの間に線分を引いたとき，この線分と x 軸との間の角度が ϕ である。

$$直交座標 \quad \rightarrow \quad (x,y,z)$$
$$極座標 \quad \rightarrow \quad (r,\theta,\phi)$$

この場合，r, θ, ϕ の範囲はそれぞれ，$0 \leqq r \leqq \infty$，$0 \leqq \theta \leqq \pi$，$0 \leqq \phi \leqq 2\pi$ に限られる。

---

* 3次元空間で回転運動を表すのに有効的な座標として，**円筒座標**もよく用いられる。円筒座標では，ある点Pの座標を (r,ϕ,z) と表記する。ここで，r はPから z 軸までの距離，ϕ はPから z 軸に下ろした垂線と x 軸との間の角度，z はPの z 座標である。

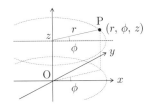

1.7.3 直交座標と極座標の間の変換

2 次元空間において，ある点 P の極座標が (r, ϕ) であるとき，この座標を直交座標 (x, y) に変換したい場合は，次の 2 式を用いればよい。

$$x = r \cos \phi$$
$$y = r \sin \phi$$

また，直交座標から極座標に逆変換したい場合は，次の 2 式を用いる。

$$r = \sqrt{x^2 + y^2}$$
$$\phi = \arctan \frac{y}{x} {}^{*1}$$

3 次元空間において，ある点 P の極座標が (r, θ, ϕ) であるとき，この座標を直交座標 (x, y, z) に変換したい場合は，次の 3 式を用いればよい。

$$x = r \sin \theta \cos \phi$$
$$y = r \sin \theta \sin \phi$$
$$z = r \cos \theta$$

また，直交座標から極座標に逆変換したい場合は，次の 3 式を用いる。

$$r = \sqrt{x^2 + y^2 + z^2}$$
$$\theta = \arccos \frac{z}{\sqrt{x^2 + y^2 + z^2}}$$
$$\phi = \mathrm{sgn}(y) \arccos \frac{x}{\sqrt{x^2 + y^2}} {}^{*2}$$

1.8 微分と積分

これから物理を学ぶうえで，数学で学ぶ微分と積分の計算手法をある程度は修得しておく必要がある。特に力学では，運動を理解するうえで重要となる物理法則の多くが，微分と積分を用いて記述される。ここでは，本書で必要となる内容に絞って，微分と積分の基礎を学んでおこう。

1.8.1 微 分

図 1.8(a) のように，水平方向を x 軸，垂直（鉛直）方向を y 軸とした直線グラフを斜面とみなそう。このとき，位置 P での斜面の傾きは，直線上の 2 点間を結ぶ x，y 方向の任意の幅をそれぞれ Δx，Δy と定義して，次のように求まる。

$$[斜面の傾き] = \frac{\Delta y}{\Delta x}$$

次に，図 1.8(b) のような曲線グラフを曲面とみなそう。このとき，曲面上の位置 P 付近

---

*1　$b = \sin a$，$b = \cos a$，$b = \tan a$ のとき，$a = \arcsin b$，$a = \arccos b$，$a = \arctan b$ はそれぞれの逆関数である。

*2　y が正のとき $\mathrm{sgn}(y) = 1$，y が負のとき $\mathrm{sgn}(y) = -1$，$y = 0$ のとき $\mathrm{sgn}(y) = 0$ である。

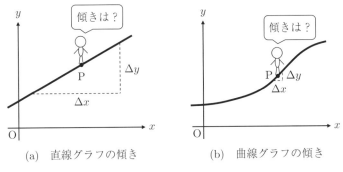

(a) 直線グラフの傾き (b) 曲線グラフの傾き

図 1.8 いろいろな関数の傾き

の傾きは，P をはさんだ可能な限り近い 2 点間を結ぶ x, y 方向の幅をそれぞれ Δx, Δy と定義して，次のように求まる*。

$$[\text{曲面の傾き}] = \lim_{\Delta x \to 0} \frac{\Delta y}{\Delta x}$$

これは，曲線グラフの点 P での接線の傾きを求める計算と同じである。このように，「無限に近い 2 点間の直線の傾きを求める計算」のことを，**微分**とよぶ。

微分は，$\frac{d}{dx}$ という記号を用いる。すなわち，$\frac{dy}{dx}$ は「関数 y を x について微分する」ことを示す式であり，次のように定義される。

$$\frac{dy}{dx} = \frac{d}{dx}y = \lim_{\Delta x \to 0} \frac{\Delta y}{\Delta x}$$

1.8.2 積　分

例えば，ある家庭が 1 s（秒）あたりに使用する水の量が，y [L]（リットル）で常に一定であるとする。時刻を x 軸，水の使用量を y 軸にとると，水の使用量は常に変わらないので，そのグラフは図 1.9(a) のように水平の直線グラフになる。このとき，この家庭が時刻 a [s] から b [s] までの間に使用した水の量の合計は，図 1.9(a) で示された長方形の面積に等しい。よって，$\Delta x = b - a$ と定義すれば，水の使用量の合計は次式のように書くことができる。

$$[\text{水の使用量の合計}] = y \, \Delta x$$

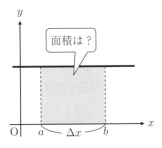 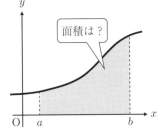

(a) 直線グラフがつくる面積 (b) 曲線グラフがつくる面積

図 1.9 いろいろな関数がつくる面積

---

*　$\displaystyle \lim_{\Delta x \to 0}$ は，Δx を極限まで 0 に近づけることを示す記号であり，このような計算を**極限**とよぶ。

次に，この家庭が1 s あたりに使用する水の量 y が，時刻 x とともに複雑に変化する場合を考えよう。例えば，x と y の関係が，図 1.9(b) が示すような曲線グラフになったとする。このとき，この家庭が時刻 a から b までの間に使用した水の量の合計は，先ほどのような長方形の面積ではなく，図 1.9(b) で示された複雑な領域の面積に等しくなる。この面積を求めるには，どうすればよいだろうか。

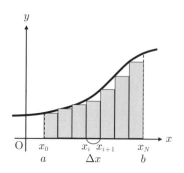

図 1.10　積分の計算

図 1.9(b) で示された領域を，図 1.10 のように時刻 a から b までの時間を整数 N で等分して，各時間区間ごとの長方形の集まりであるとみなそう。ただし，もとの領域と一致させるためには，整数 N は可能な限り大きくしなければならない。ここで，$\Delta x = \frac{b-a}{N}$ と定義すると，$y \Delta x$ は図 1.10 のグラフの下に敷き詰められた，1つ長方形の面積に等しくなる。すなわち，時刻 a から b までの間の水の使用量の合計は，これらの敷き詰められた長方形の面積をすべて足し合わせればよいので，$x_i = a + \Delta x i$（i は 0 から N までの整数）と定義して，次のように求めることができる。

$$[\text{水の使用量の合計}] = \lim_{N \to \infty} \sum_{i=0}^{N-1} y(x_i)\, \Delta x$$

このように，「曲線グラフと x 軸との間の面積を求める計算」のことを，**積分**とよぶ。

積分は $\int dx$ という記号を用いるが，$\int$ の上と下にそれぞれ b と a の添字をつけることで，$\int_a^b y\, dx$ は「関数 y を x について，$a \leqq x \leqq b$ の区間で積分する」ことを示す式となり，次のように定義される*。

$$\int_a^b y\, dx = \lim_{N \to \infty} \sum_{i=0}^{N-1} y(x_i)\, \Delta x$$

1.8.3　微分の公式

これまで，変数 x についての関数を y と表記してきたが，y は 2 次元以上の空間では座標変数としても用いられるので，以降は変数 x についての関数を $f(x)$ と表記しよう。

はじめに，$f(x)$ が x についてのべき関数，すなわち $f(x) = x^n$（n は任意の実数）と定義される場合を考える。このとき，$f(x)$ の x についての微分は，次の公式から求めることができる。

---

*　添字のつかない積分（$\int dx$）のことを**不定積分**とよび，$a \leqq x \leqq b$ のような区間を示す添字のついた積分（$\int_a^b y\, dx$）のことを**定積分**とよぶ。

公式 1.5（べき関数の微分公式） ───────────────────────────

$$\frac{df(x)}{dx} = \frac{d}{dx}x^n = nx^{n-1}$$

───

次に，$f(x)$ が x を含まない，任意の定数 D のみで表される関数である場合を考えよう。すなわち，$f(x) = D$ であるとき，$f(x)$ の x についての微分は 0 である。

公式 1.6（定数項の微分） ───────────────────────────

$$\frac{df(x)}{dx} = \frac{d}{dx}D = 0$$

───

さらに，x についての 2 つの関数を $f(x)$，$g(x)$ と定義すると，c を任意の定数として以下の 3 つの基本公式が成り立つ。

公式 1.7（微分の基本公式） ───────────────────────────

$$\frac{d}{dx}[cf(x)] = c\frac{df(x)}{dx}$$

$$\frac{d}{dx}[f(x) \pm g(x)] = \frac{df(x)}{dx} \pm \frac{dg(x)}{dx}$$

$$\frac{d}{dx}[f(x)g(x)] = g(x)\frac{df(x)}{dx} + f(x)\frac{dg(x)}{dx}$$

───

また，$f(g)$ が g についての関数で，g 自身も x についての関数であるとき，f を x で微分した結果は次のように，2 つの微分の積から求めることができる*。

公式 1.8（合成関数の微分公式） ───────────────────────────

$$\frac{d}{dx}\{f[g(x)]\} = \frac{df(x)}{dg} \cdot \frac{dg(x)}{dx}$$

───

ところで，関数 $f(x)$ によっては，複数回微分が可能なものも存在する。そのような場合，関数 $f(x)$ を同じ変数 x で n 回微分することを n **階微分**とよび，次のように表記する。

$$\underbrace{\frac{d}{dx}\frac{d}{dx}\frac{d}{dx}\cdots\frac{d}{dx}}_{n\,階微分}f(x) = \frac{d^n f(x)}{dx^n}$$

ここで，三角関数(sin, cos, tan)の微分公式についても押さえておこう。a を任意の定数とおくと，以下の公式が成り立つ。

公式 1.9（三角関数の微分公式） ───────────────────────────

$$\frac{d}{dx}\sin x = \cos x, \quad \frac{d}{dx}\cos x = -\sin x, \quad \frac{d}{dx}\tan x = \frac{1}{\cos^2 x}$$

$$\frac{d}{dx}\sin ax = a\cos ax, \quad \frac{d}{dx}\cos ax = -a\sin ax, \quad \frac{d}{dx}\tan ax = \frac{a}{\cos^2 ax}$$

───

────────────────────

* $f[g(x)]$ のように，関数の中に別の関数が入れ子になっているものを，**合成関数**とよぶ。

例 1.7　次の関数 f を x について微分しなさい。

(1)　$f(x) = x^4$　　　　　(2)　$f(x) = 3x^3 - 5x + 2$　　　　　(3)　$f(x) = \cos 4x^2$

[解]　(1)　べき関数の微分の公式 $\frac{d}{dx}(x^n) = nx^{n-1}$ を用いると，

$$\frac{df(x)}{dx} = \frac{d}{dx}f(x) = \frac{d}{dx}x^4 = 4x^{4-1} = \underline{4x^3}$$

(2)　べき関数と定数の微分の公式，$\frac{d}{dx}(x^n) = nx^{n-1}$ と $\frac{d}{dx}(D) = 0$ を用いると，

$$\frac{df(x)}{dx} = \frac{d}{dx}f(x) = \frac{d}{dx}(3x^3 - 5x + 2) = \frac{d}{dx}(3x^3) - \frac{d}{dx}(5x) + \frac{d}{dx}(2)$$

$$= 3\frac{d}{dx}(x^3) - 5\frac{d}{dx}(x^1) + 0 = 3 \cdot 3x^{3-1} - 5 \cdot 1x^{1-1} = \underline{9x^2 - 5}$$

(3)　$s = 4x^2$ と定義すると，s を x で微分した式は次のようになる。

$$\frac{ds}{dx} = \frac{d}{dx}s = \frac{d}{dx}(4x^2) = 4\frac{d}{dx}(x^2) = 4 \cdot 2x^{2-1} = 8x$$

また，$f = \cos(4x^2) = \cos s$ と書き換えられるので，f を s で微分の
公式 $\frac{d}{dx}\cos x = -\sin x$ を用いて，次のようになる。

$$\frac{df}{ds} = \frac{d}{ds}f = \frac{d}{ds}\cos s = -\sin s$$

よって，f を x で微分した式は，$\frac{df}{dx} = \frac{df}{ds} \cdot \frac{ds}{dx}$ より，次のように求まる。

$$\frac{df}{dx} = \frac{df}{ds} \cdot \frac{ds}{dx} = -\sin s \cdot 8x = -8x\sin s = \underline{-8x\sin 4x^2}$$

1.8.4　不定積分

積分には，「定積分」と「不定積分」という 2 つの計算方法が存在する。定積分を計算
するためには，はじめに不定積分を修得しておく必要がある。**不定積分**とは，「値が定ま
らない任意の定数項を結果に含む積分」のことである。このとき，定数項は C と表記し，
この C のことを**積分定数**とよぶ。

はじめに，$f(x)$ が x についてのべき関数，すなわち $f(x) = x^n$（n は任意の実数）である
場合を考えよう。このとき，$f(x)$ の x についての不定積分は，次の公式から求められる。

公式 1.10（べき関数の不定積分）

$$\int f(x)\,dx = \int x^n\,dx = \frac{1}{n+1}x^{n+1} + C$$

次に，$f(x)$ が x を含まない任意の定数 D のみの関数で，$f(x) = D$ である場合を考え
る。このとき，$f(x)$ の x についての不定積分は，次の公式から求められる。

公式 1.11（定数項の不定積分）

$$\int f(x)\,dx = \int D\,dx = Dx + C$$

さらに，x についての 2 つの関数を $f(x)$，$g(x)$ と定義すると，c を任意の定数として以
下の 2 つの基本公式が成り立つ。

公式 1.12（不定積分の基本公式）

$$\int [cf(x)]\ dx = c \int f(x)\ dx$$

$$\int [f(x) \pm g(x)]\ dx = \int f(x)\ dx \pm \int g(x)\ dx$$

ここで，三角関数(sin, cos, tan)の不定積分についても押さえておこう。a を任意の定数とおくと，以下の公式が成り立つ*。

公式 1.13（三角関数の不定積分）

$$\int \sin x\ dx = -\cos x + C, \qquad \int \cos x\ dx = \sin x + C$$

$$\int \tan x\ dx = -\log|\cos x| + C$$

$$\int \sin ax\ dx = -\frac{1}{a}\cos ax + C, \qquad \int \cos ax\ dx = \frac{1}{a}\sin ax + C$$

$$\int \tan ax\ dx = -\frac{1}{a}\log|\cos ax| + C$$

例 1.8　積分定数を C として，次の関数 f を x について不定積分しなさい。

(1)　$f(x) = x^4$　　　　(2)　$f(x) = 4x^2 - 7$　　　　(3)　$f(x) = \frac{1}{3}\sin 3x$

[解]　(1)　べき関数の不定積分の公式 $\int x^n\ dx = \frac{1}{n+1}x^{n+1} + C$ を用いると，

$$\int f(x)\ dx = \int x^4\ dx = \frac{1}{4+1}x^{4+1} + C = \underline{\frac{x^5}{5} + C}$$

(2)　べき関数と定数の不定積分の公式，$\int x^n\ dx = \frac{1}{n+1}x^{n+1} + C$ と $\int D\ dx = Dx + C$ を用いると，

$$\int f(x)\ dx = \int (4x^2 - 7)\ dx = \int 4x^2\ dx - \int 7\ dx = 4\int x^2\ dx - \int 7\ dx$$
$$= 4 \cdot \frac{1}{2+1}x^{2+1} - 7x + C = 4 \cdot \frac{1}{3}x^3 - 7x + C = \underline{\frac{4}{3}x^3 - 7x + C}$$

(3)　三角関数の不定積分の公式 $\int \sin ax\ dx = -\frac{1}{a}\cos ax + C$ を用いると，

$$\int f(x)\ dx = \int \left(\frac{1}{3}\sin 3x\right)\ dx = \frac{1}{3}\int \sin 3x\ dx$$
$$= \frac{1}{3} \cdot \left(-\frac{1}{3}\cos 3x\right) + C = \underline{-\frac{1}{9}\cos 3x + C}$$

1.8.5　定 積 分

　ある区間 $a \leqq x \leqq b$ の範囲で，関数 $f(x)$ が x 軸との間につくる領域の面積を求める計算のことを，**定積分**とよぶ。定積分の結果は積分定数 C を含まずに，1つの値として定まる。ここで，定積分する区間 $a \leqq x \leqq b$ のことを，**積分区間**とよぶ。

＊　log はネイピア数 e を底とした自然対数。$y = \log x$ のとき，$x = e^y$ である。e については 11.1 節を参照。

　はじめに，「定積分の結果は不定積分の結果を利用して求める」ことを押さえておこう。
関数 $f(x)$ を x について不定積分した結果が，次のような式になると仮定する。

$$\int f(x)\,dx = F(x) + C$$

ここで，$F(x)$ は $f(x)$ の不定積分から得られる，x についての関数である。この関数 $F(x)$
を用いて，積分区間 $a \leqq x \leqq b$ における関数 $f(x)$ の定積分は，次のように計算する。

$$\int_a^b f(x)\,dx = [F(x)]_a^b = F(b) - F(a)$$

この式で $[\ \ ]_a^b$ は，「$[\ \ ]$ の中の関数に $x = b$ を代入したものから，$x = a$ を代入したもの
を引く」ことを示す記号である。

　例として，$f(x) = x^n$（n は任意の実数）という関数を，積分区間 $a \leqq x \leqq b$ で定積分して
みよう。はじめに，$f(x)$ の不定積分の結果は，べき関数の不定積分の公式から次のように
求まる。

$$\int f(x)\,dx = \int x^n\,dx = \frac{1}{n+1}x^{n+1} + C$$

この結果から，定積分に用いる関数 $F(x)$ は，次式のように定義できる。

$$F(x) = \frac{1}{n+1}x^{n+1}$$

よって，区間 $a \leqq x \leqq b$ における関数 $f(x) = x^n$ の定積分は，$F(x)$ を用いて次のように求
めることができる。

$$\int_a^b f(x)\,dx = \int_a^b x^n\,dx = [F(x)]_a^b = \left[\frac{1}{n+1}x^{n+1}\right]_a^b = \frac{b^{n+1} - a^{n+1}}{n+1}$$

例 1.9　次の関数 f を，区間 $-2 \leqq x \leqq 2$ で x について定積分しなさい。

(1)　$f(x) = 2x^2$　　　　(2)　$f(x) = 5x + 9$

　[解]　(1)　べき関数の不定積分の公式 $\int x^n\,dx = \frac{1}{n+1}x^{n+1} + C$ を用いると，$f(x) = 2x^2$ の
不定積分は

$$\int f(x)\,dx = \int 2x^2\,dx = 2\int x^2\,dx = 2 \cdot \frac{1}{2+1}x^{2+1} + C = 2 \cdot \frac{1}{3}x^3 + C = \frac{2}{3}x^3 + C$$

となる。この式から積分定数 C を取り除いた関数を $F(x) = \frac{2}{3}x^3$ と定義すると，区間
$-2 \leqq x \leqq 2$ における $f(x) = 2x^2$ の定積分は，次のように計算できる。

$$\int_{-2}^2 f(x)\,dx = [F(x)]_{-2}^2 = \left[\frac{2}{3}x^3\right]_{-2}^2 = \frac{2}{3} \cdot 2^3 - \frac{2}{3} \cdot (-2)^3$$

$$= \frac{2}{3} \cdot 8 - \frac{2}{3} \cdot (-8) = \frac{16}{3} - \left(-\frac{16}{3}\right) = \frac{16}{3} + \frac{16}{3} = \underline{\frac{32}{3}}$$

　(2)　べき関数と定数の不定積分の公式 $\int x^n\,dx = \frac{1}{n+1}x^{n+1} + C$ と，定数項 D の不定積分の
公式 $\int D\,dx = Dx + C$ を用いると，

$$\int f(x)\,dx = \int (5x + 9)\,dx = \int 5x\,dx + \int 9\,dx = 5\int x^1\,dx + \int 9\,dx$$

$$= 5 \cdot \frac{1}{1+1}x^{1+1} + 9x + C = 5 \cdot \frac{1}{2}x^2 + 9x + C = \frac{5}{2}x^2 + 9x + C$$

となる。この式から積分定数 C を取り除いた関数を，$F(x) = \frac{5}{2}x^2 + 9x$ と定義すると，区間
$-2 \leqq x \leqq 2$ における $f(x) = 5x + 9$ の定積分は，次のように計算できる。

$$\int_{-2}^{2} f(x)\,dx = [F(x)]_{-2}^{2} = \left[\frac{5}{2}x^2 + 9x\right]_{-2}^{2} = \left[\frac{5}{2}\cdot 2^2 + 9\cdot 2\right] - \left[\frac{5}{2}\cdot(-2)^2 + 9\cdot(-2)\right]$$

$$= (10 + 18) - (10 - 18) = 10 + 18 - 10 + 18 = \underline{36}$$

1.8.6 多重積分

関数 f が，n 個の変数 $x_1, x_2, \cdots, x_n$ によって変化する，多変数関数である場合を考えよう。f を x_1 について積分し，得られた関数を x_2 について積分，さらに得られた関数を，$\cdots$，x_n について積分，と繰り返すとき，これらの計算は次式のように記述する。

$$\int\int\cdots\int f(x_1, x_2, \cdots, x_n)\,dx_1 dx_2 \cdots dx_n$$

このように，1つの関数を複数の変数について積分することを，**多重積分**とよぶ。また，上記のように n 個の変数をもつ関数 f を変数ごとに n 回積分することを，f の n **重積分**とよぶ。

例えば，x，y，z の3つの直交軸で定義された3次元空間で，x，y，z によって変化する関数 f は $f(x, y, z)$ と書くことができる。ここで，関数 $f(x, y, z)$ を3次元空間の全領域で定積分する式は，次のような3重積分で書ける[*1]。

$$\int_{-\infty}^{\infty}\int_{-\infty}^{\infty}\int_{-\infty}^{\infty} f(x, y, z)\,dxdydz$$

1.9 ベクトル

世の中の物理量は，大きく2種類に分けることができる。1つは，速度，力，電場，磁場など，「大きさ」と「向き」の概念を両方もつ物理量であり，このような物理量を**ベクトル量（ベクトル）**とよぶ。もう1つは，質量，温度，エネルギー，電気量など，「向き」はもたずに「大きさ」のみの概念をもつ物理量であり，このような物理量を**スカラー量（スカラー）**とよぶ。

例えば，「速度」はベクトルであるが[*2]，1つのボールが右向きに運動しているとき，ボールの速度は図 1.11 のように，右向きの矢印で表すことができる。ここで，矢印の向きはボールが運動する速度の向きであり，矢印の長さは速度の大きさ（速さ）に等しいものと定義すれば，速度がもつ「大きさ」と「向き」を1本の矢印で同時に示すことができる。このように，「速度」にかかわらずべてのベクトルは，矢印を使って表すことができるのである。

ボール　速度

図 1.11　速度のベクトル

[*1] 3次元空間を極座標表示で考えると，関数 f は極座標 (r, θ, ϕ) によって変化する関数，$f(r, \theta, \phi)$ として記述できる。この場合，$f(r, \theta, \phi)$ を3次元空間の全領域で定積分する式は

$$\int_{0}^{2\pi}\int_{0}^{\pi}\int_{0}^{\infty} f(r, \theta, \phi)\times r^2\sin\theta\,drd\theta d\phi$$

と書ける。ここで，$r^2\sin\theta$ は $dxdydz$ を $drd\theta d\phi$ に変換する際に出る式であり，これを**ヤコビアン**とよぶ。

[*2]「速度」は大きさと向きをもつ物理量でベクトルであるが，「速さ」は大きさのみをもつ物理量でスカラーである。

1.9.1 ベクトルの成分表示

図 1.12 のように，xy 平面内に 1 本の矢印を描いて，この矢印をベクトルである物理量として $\vec{A}$ と表記する。ベクトルである物理量はこのように，文字の頭に小さな右矢印をつけて表す*。ベクトル $\vec{A}$ の矢印の始点から終点までの，x 方向の変化を A_x，y 方向の変化を A_y と定義すると，$\vec{A}$ は次のような式で書くことができる。

$$\vec{A} = (A_x, A_y)$$

このように，ベクトルを数式で表記する方法を**ベクトルの成分表示**とよび，A_x，A_y をそれぞれ，$\vec{A}$ の x 成分，y 成分とよぶ。

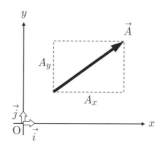

図 1.12 ベクトルの成分表示

ここで，ベクトルの矢印の長さのことを，**ベクトルの大きさ**とよぶ。ベクトルの大きさは，そのベクトルの物理量がもつ大きさに等しい。例えば，「速度」のベクトルの矢印の長さはその速度の大きさに等しく，これを「速さ」とよぶ。ベクトル $\vec{A}$ の大きさは，$|\vec{A}|$，または単に A と表記する。$\vec{A}$ を成分表示 $\vec{A} = (A_x, A_y)$ と表記するとき，ベクトルの大きさ $|\vec{A}|$ は次式より求められる。

$$|\vec{A}| = \sqrt{A_x^2 + A_y^2}$$

また，ベクトル $\vec{A}$ の成分表示は，次のように書く場合もある。

$$\vec{A} = A_x \vec{i} + A_y \vec{j}$$

図 1.12 において白い矢印で示しているように，$\vec{i}$，$\vec{j}$ はそれぞれ，x，y 軸の正の方向を向いた，大きさ(長さ)が 1 のベクトルである。$\vec{i}$ や $\vec{j}$ のように大きさが 1 のベクトルのことを，**単位ベクトル**とよぶ。

1.9.2 ベクトルの基本計算

ベクトルは 1 つの数字で表されるスカラーとは異なり，ベクトルに特有の計算方法を必要とする。ここでは，力学で使用する計算に絞って，ベクトルの基本計算を押さえておこう。

ベクトル $\vec{A} = (A_x, A_y)$ に対して任意の定数 c をかけたとき，その結果は次式より求まる。

$$c\vec{A} = c(A_x, A_y) = (cA_x, cA_y)$$

すなわち，ベクトルの大きさ(矢印の長さ)がもとから c 倍されるが，その向きは不変で

---

* ベクトル $\vec{A}$ の表記方法として，太字で **A** と表す場合もある。

ある。

　この計算方法に基づいて，ベクトル $\vec{A} = (A_x, A_y)$ に -1 をかけた場合を考えよう。先ほどの定数 c に -1 を代入すればよいので，次のようになる。

$$-\vec{A} = (-A_x, -A_y)$$

ここで，もう1つのベクトル $\vec{C}$ が，$\vec{C} = -\vec{A}$ を満たす場合を考えよう。図 1.13 で示すように，$\vec{C}$ の矢印は $\vec{A}$ の矢印と長さが同じで，$180°$ 逆向きのベクトルになる。このように，$\vec{A}$ にマイナスをつけると大きさが同じで逆向きのベクトルになり，$\vec{C} = -\vec{A}$ を満たすベクトル $\vec{C}$ のことを，$\vec{A}$ の**逆ベクトル**とよぶ。

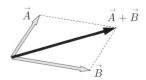

図 1.13　逆ベクトル　　　　　図 1.14　ベクトルの和

　2つのベクトルをそれぞれ，$\vec{A} = (A_x, A_y)$，$\vec{B} = (B_x, B_y)$ と定義しよう。これら2つのベクトルの和は，次のように計算する。

$$\vec{A} + \vec{B} = (A_x + B_x, A_y + B_y)$$

この計算は，矢印で表記することもできる。図 1.14 のように，$\vec{A}$ と $\vec{B}$ の2本の矢印を同じ始点から描くと，$\vec{A} + \vec{B}$ は $\vec{A}$ と $\vec{B}$ を隣り合う2辺とした，平行四辺形の対角線を結ぶ矢印になる。

　上記のようなベクトルの和の計算方法を利用すると，2つのベクトルの差も同様に計算することができる。例えば，$\vec{A}$ から $\vec{B}$ を引き算する式は，次のように変形できる。

$$\vec{A} - \vec{B} = \vec{A} + (-\vec{B})$$

すなわち，$\vec{A} - \vec{B}$ は $\vec{A}$ と $\vec{B}$ の逆ベクトル $(-\vec{B})$ の和であると考えることができるので，$\vec{A} - \vec{B}$ は次のように計算すればよい。

$$\vec{A} - \vec{B} = \vec{A} + (-\vec{B}) = [A_x + (-B_x), A_y + (-B_y)] = (A_x - B_x, A_y - B_y)$$

また，この計算はベクトルの和と同様に，矢印でも表記することができる。図 1.15 のように，$\vec{A}$ と $\vec{B}$ の2本の矢印を同じ始点から描いて，$\vec{A}$ の矢印と $\vec{B}$ の逆ベクトル $(-\vec{B})$ の矢印を隣り合う2辺とした平行四辺形を描く。この平行四辺形の対角線を結ぶ矢印が，$\vec{A} - \vec{B}$ の矢印である。

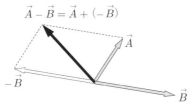

図 1.15　ベクトルの差

例 1.10　2 つのベクトル $\vec{A} = (-2, 7)$, $\vec{B} = (5, 1)$ について，以下の式を計算し，得られたベクトルの矢印を作図しなさい。

(1)　$\vec{A} + \vec{B}$　　　(2)　$\vec{A} - \vec{B}$　　　(3)　$-2\vec{B}$

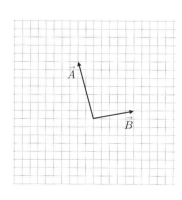

[解]　(1)　$\vec{A} + \vec{B} = (A_x + B_x, A_y + B_y) = (-2 + 5, 7 + 1) = \underline{(3, 8)}$
$\vec{A} + \vec{B}$ のベクトルは図 (a) のように，$\vec{A}$ と $\vec{B}$ の矢印を隣り合う 2 辺とした，平行四辺形の対角線に沿う矢印になる。

(2)　$\vec{A} - \vec{B} = (A_x - B_x, A_y - B_y) = (-2 - 5, 7 - 1) = \underline{(-7, 6)}$
$\vec{A} - \vec{B}$ のベクトルは図 (b) のように，$\vec{A}$ の矢印と $\vec{B}$ の逆ベクトル $(-\vec{B})$ の矢印を隣り合う 2 辺とした，平行四辺形の対角線に沿う矢印になる。

(3)　$-2\vec{B} = -2(B_x, B_y) = (-2B_x, -2B_y) = (-2 \times 5, -2 \times 1) = \underline{(-10, -2)}$
$-2\vec{B}$ のベクトルは図 (c) のように，$\vec{B}$ の矢印の長さを 2 倍にして逆向きにした矢印になる。

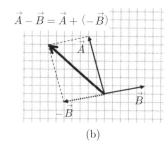
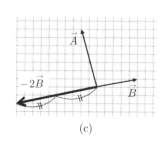

(a)　　　　　　　　　　　(b)　　　　　　　　　　　(c)

1.9.3　ベクトルの内積

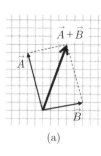

図 1.16　ベクトルの内積

　　力学では，ベクトルの**内積（スカラー積）**とよばれる計算式が，物理法則の数式をまとめるうえでよく使われる。ここでは，ベクトルの内積がどのような計算であるかを学んでおこう。

　　図 1.16 のように，2 つのベクトル $\vec{A}$, $\vec{B}$ の 2 本の矢印を同じ始点から描いたとき，これらの矢印の間の角度を θ とおく。このとき，ベクトルの内積は次の公式を用いて計算する。

公式 1.14（内積の公式 1）

$$\vec{A} \cdot \vec{B} = |\vec{A}|\,|\vec{B}| \cos \theta$$

また，2つのベクトルをそれぞれ，成分表示 $\vec{A} = (A_x, A_y)$，$\vec{B} = (B_x, B_y)$ で書くと，$\vec{A}$ と $\vec{B}$ の内積は次の公式からも求めることができる。

公式 1.15（内積の公式 2） ─────────────────────

$$\vec{A} \cdot \vec{B} = A_x B_x + A_y B_y$$

ここで，「·」は内積を意味する記号である。これら2つの公式のどちらを使用しても，得られる内積の結果は同じであり，どちらを使用するかは2つのベクトルの初期条件によって決まる。

ところで，$\vec{A}$ と $\vec{B}$ の間の角度が直角で，$\theta = 90°$ である場合を考えよう。この場合，$\cos 90° = 0$ なので，2つのベクトルの内積は次のように計算できる。

$$\vec{A} \cdot \vec{B} = |\vec{A}| \, |\vec{B}| \cos 90° = 0$$

したがって，2つのベクトルが互いに直角な場合，これらのベクトルの内積は 0 になる。

以上の計算を踏まえると，ベクトルの各成分を内積で表記することが可能である。例えば，$\vec{A}$ の成分表示を $\vec{A} = A_x \vec{i} + A_y \vec{j}$ と書いて，右から x，y 方向の単位ベクトル $\vec{i}$，$\vec{j}$ の内積をそれぞれ演算させると，次のようになる。

$$\vec{A} \cdot \vec{i} = A_x \vec{i} \cdot \vec{i} + A_y \vec{j} \cdot \vec{i}$$

$$\vec{A} \cdot \vec{j} = A_x \vec{i} \cdot \vec{j} + A_y \vec{j} \cdot \vec{j}$$

ここで，$\vec{i} \cdot \vec{i} = \vec{j} \cdot \vec{j} = 1$ であり，$\vec{i}$ と $\vec{j}$ は互いに直角で $\vec{i} \cdot \vec{j} = \vec{j} \cdot \vec{i} = 0$ なので，$\vec{A}$ の x，y 成分はそれぞれ，次のような内積の式で表記できる。

$$A_x = \vec{A} \cdot \vec{i}, \quad A_y = \vec{A} \cdot \vec{j}$$

章末問題 1

1.1 以下の物理量を [ ] 内の単位に書き換えよ。

(1) 50 mm [m]

(2) 0.006 kg [g]

(3) 720 s [h（時間）]

(4) 54 km/h [m/s]

(5) 2.9×10^{-8} kg [μg]

1.2 以下の物理量を [ ] 内の有効数字の桁数で表せ。

(1) 3 kg [3 桁]

(2) 0.08 s [2 桁]

(3) 5298 m [3 桁]

(4) 25000 kg [4 桁]

1.3 以下の関数 $f(x)$ を x について微分しなさい。

(1) $f(x) = 5x^3 - 4x^2 + 2$

(2) $f(x) = \frac{1}{x^2} + x$

(3) $f(x) = \frac{1}{3} \sin x$

(4) $f(x) = 4 \cos^2 x$

1.4 積分定数を C として，以下の関数 $f(x)$ を x について不定積分しなさい。

(1) $f(x) = 3x^2 + 6x + 9$

(2) $f(x) = \frac{2}{5x^2} + 3$

(3) $f(x) = 5 \cos x$

(4) $f(x) = \frac{1}{4} \sin 2x$

1.5 以下の関数 $f(x)$ を，区間 $0 \leqq x \leqq 3$ で定積分しなさい。

(1) $f(x) = x^2 + 5x + 1$

(2) $f(x) = -4 \sin \pi x$

1.6 2 つのベクトル $\vec{A} = (2, -1)$ と $\vec{B} = (3, -4)$ について，以下の問いに答えよ。

(1) $\vec{A}$ の大きさ $|\vec{A}|$ を求めよ。

(2) $-2\vec{B}$ を求めよ。

(3) $\vec{A} + \vec{B}$ を求めよ。

(4) $\vec{A} - 2\vec{B}$ を求めよ。

(5) $|\vec{A} - 2\vec{B}|$ を求めよ。

(6) $\vec{A}$ と $\vec{B}$ の内積 $\vec{A} \cdot \vec{B}$ を求めよ。

(7) $\vec{A}$ と $\vec{B}$ の間の角度を θ をおくとき，$\cos \theta$ を求めよ。

1.7 2 つのベクトル $\vec{A}$ と $\vec{B}$ が図のような矢印で描けるとき，$\vec{A} + \vec{B} + \vec{C} = \vec{0}$ を満たすベクトル $\vec{C}$ の矢印を作図しなさい。

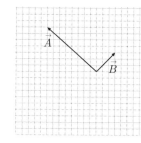

2

運動の記述

物体が運動をするとは，その物体の位置が時間とともに変化していくことを意味する。よって，物体の運動を記述するためには，物体がいつ，どこにあるか，どれほどのスピードで動いているかを知る必要がある。本章では，物体の運動を記述するうえで基本となる，位置，速度，加速度とよばれる 3 つの物理量について学ぶ。さらに，本章では基本的な運動として，等速直線運動と等加速度直線運動とよばれる 2 つの運動について学ぼう。

2.1 質　点

はじめに，これから物体の運動を考えるにあたり，厄介な要素を 1 つ簡単化しておこう。ご存じのように，世の中のすべての物体には形があり，様々な大きさをもつ。そして，これらの物体は丸ければ転がりやすく，四角ければ転がりにくいなど，その大きさと形により複雑に運動の仕方を変える。しかし，物理を学び始めたばかりの身分で，いきなりこれらの要素を考えるのは，あまりにも酷であろう。そこで，**質点**とよばれる考え方を用いる。

物体の運動の議論を簡単化するために，現実の物体がもつ大きさと形を無視して 1 つの点とみなした物体のことを「質点」とよぶ。質点は大きさや形をもたない無限に小さな点であるが，その重さ(質量)だけはもっているものとする。例えば，図 2.1(a) で示されている地球と太陽を質点で表すと，図 2.1(b) のように同じ距離だけ離れた 2 つの点とみなすことができる。地球と太陽はそれぞれが巨大であるが，両者はこれらの大きさと比較しても十分に離れているため，質点の考え方は十分に生かされる。同様に，地球上の物体の運動に対しても，質点が現実の物体の運動を説明できる場合が多いので，まずは物体を質点とみなしてその運動を考えよう。

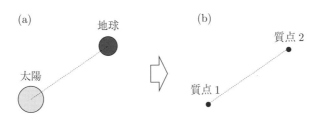

図 2.1　質点とみなされた地球と太陽

2.2 位置と変位

　日常生活では長さを測るのに物差しを使うが，物理学では空間中で位置を指定したり距離を測るのに，座標を用いる。物体(質点)の位置を表すのに，図 2.2 のように原点 O を基準とした x 軸を考えよう。図 2.2 で，物体は x 軸上で $x = 3$ m の座標にあるので，$x = 3$ m のことを物体の**位置**とよぶ。また，このように位置は座標の値で表すので，これを**位置座標**とよぶこともある。

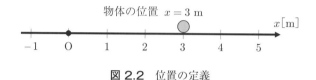

図 2.2 位置の定義

　物体が運動する際には，物体の位置が時間とともに変化する。位置の時間変化を図示するには，図 2.3 のように，位置 x を縦軸に，時刻 t を横軸にしたグラフとして表すとわかりやすい。このグラフを x-t **図**(あるいは x-t **グラフ**)とよぶ。

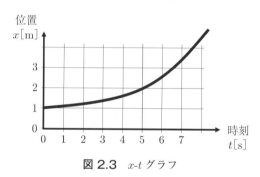

図 2.3 x-t グラフ

　また，物体の位置が時間とともに変化するとき，位置座標の変化のことを**変位**とよぶ。図 2.4 のように，時刻 t_1 で位置 x_1 にいた物体が，時刻 t_2 で位置 x_2 に移動したとき，変位 Δx は移動後の座標から移動前の座標を引いて，次式より求められる。

$$\Delta x = x_2 - x_1$$

　図 2.4(a) のように物体が x 軸の正の方向に進んでいる場合，変位は正の値となるが，図 2.4(b) のように負の方向に進んでいる場合，変位は負の値となる(大きい方から小さい方を引くのではなく，移動後から移動前を引いた位置の差が変位であることに注意しよう)。このように，変位は向きと大きさの情報をもつベクトルであり，これを**変位ベクトル**とよぶ。また，原点を基準とした物体の位置も，原点から位置までの距離(大きさ)と向きの情報をもつベクトルであるので，これを**位置ベクトル**とよぶ。

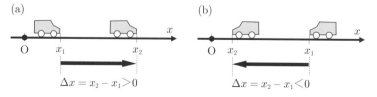

図 2.4 物体の運動と変位

2.3 速度と速さ

　物体(質点)の位置が変化するとき，1秒，1分，あるいは1時間などの単位時間あたりの変位を**速度**とよぶ。ただし，SI単位系で時間と距離の単位はそれぞれ「s（秒）」と「m（メートル）」なので，速度の単位は「m/s（**メートル毎秒**）」を用いる。

　速度を理解するために，矢印を使って速度を作図するところから始めよう。図2.5のように，時刻 $t = 0\,\mathrm{s}$ で x 軸の原点Oにあった物体が，$t = 0\,\mathrm{s}$ から $4\,\mathrm{s}$ までの間に，$1\,\mathrm{s}$ おきに $x = 0\,\mathrm{m}$，$4\,\mathrm{m}$，$8\,\mathrm{m}$，$12\,\mathrm{m}$，$16\,\mathrm{m}$ と位置を変化させた場合を考える。

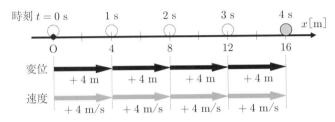

図 2.5　等速直線運動の変位と速度

　ここで，$1\,\mathrm{s}$ ごとの変位ベクトルを矢印で表すと，図2.5のように，いずれも x 軸の正の向きで長さが $4\,\mathrm{m}$ の矢印として図示することができる。この $1\,\mathrm{s}$（単位時間）ごとの変位が速度なので，これらの変位ベクトルは速度を示す矢印（ベクトル）であるといえる。すなわち，速度も変位と同じく，大きさと向きをもつベクトルであり，これを**速度ベクトル**とよぶ。この場合，物体の速度は常に $4\,\mathrm{m/s}$ であり，このように速度が一定である直線運動のことを，**等速直線運動**とよぶ。

　一方で，x 軸に沿って負の方向に移動する物体の運動を考えよう。図2.6のように，時刻 $t = 0\,\mathrm{s}$ で $x = 20\,\mathrm{m}$ の位置にあった物体が，$t = 0\,\mathrm{s}$ から $4\,\mathrm{s}$ までの間に，$1\,\mathrm{s}$ おきに $x = 20\,\mathrm{m}$，$15\,\mathrm{m}$，$10\,\mathrm{m}$，$5\,\mathrm{m}$，$0\,\mathrm{m}$ と位置を変化させた場合を考える。

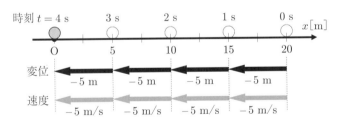

図 2.6　速度が負の場合の等速直線運動

　このとき，$1\,\mathrm{s}$ ごとの変位ベクトルを矢印で表すと，図2.6のように，いずれも x 軸の負の向きで長さが $5\,\mathrm{m}$ の矢印として図示することができる。すなわち，$1\,\mathrm{s}$ ごとの変位が $-5\,\mathrm{m}$ なので，この物体の速度も $-5\,\mathrm{m/s}$ であることがわかる。

　このように，速度は向きと大きさの情報をもつベクトル（速度ベクトル）であり，1次元の直線運動の場合には，プラスやマイナスの符号によって向きの情報をもつ。また，速度ベクトルの大きさ（速度ベクトルの矢印の長さ）のことを**速さ**とよび，速度がベクトル量であるのに対して，速さは大きさの情報しかもたないのでスカラー量である。

2.4 加速度

物体が時間とともに，運動状態（速度）を変える場合を考えよう。図 2.7 のように，はじめ 4 m/s で運動していた物体の速度が 20 m/s に変化したとすると，速度が増加したのでこの物体は加速したといえる。

図 2.7　物体の運動の加速

物体の速度が増えるか減るかに関係なく，時間とともに変化するとき，1 秒，1 分，あるいは 1 時間などの単位時間あたりの速度変化を**加速度**とよぶ。SI 単位系で，加速度の単位は「m/s^2（**メートル毎秒毎秒**）」を用いる。

加速度を理解するために，前節と同様に変位と速度を作図することから始めよう。図 2.8 のように，時刻 $t = 0$ s で原点 O にあった物体が，$t = 0$ s から 4 s までの間に 1 s ごとに $x = 0$ m，2 m，6 m，12 m，20 m と位置を変化させた場合を考える。ここで，1 s ごとの変位を矢印で表すと，x 軸の正の向きに長さが 2 m，4 m，6 m，8 m の矢印として図示できるので，1 s ごとの速度もまた，x 軸の正の向きに大きさが 2 m/s，4 m/s，6 m/s，8 m/s の矢印として図示できる。これは，物体の速度が 1 s（単位時間）ごとに 2 m/s ずつ変化していることを示しており，この速度の変化率が加速度である。すなわち，この物体の加速度は 2 m/s^2 である。

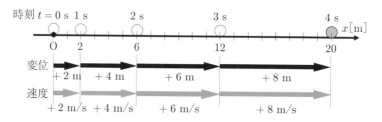

図 2.8　等加速度直線運動の変位と速度

例として，時刻 1 s から 2 s の間の速度の矢印の長さ（4 m/s）と，2 s から 3 s の間の速度の矢印の長さ（6 m/s）を比較してみよう。図 2.9 で示すように，2 つの速度ベクトルの矢印の差分である加速度は，x 軸の正の向きに大きさが 2 m/s^2 の矢印で描くことができる。すなわち，加速度も速度や変位と同じく，大きさと向きをもつベクトルであり，これを

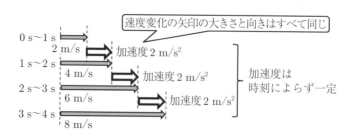

図 2.9　速度ベクトルの差分で表した加速度

加速度ベクトルとよぶ。この場合，物体の加速度は常に $2\,\mathrm{m/s^2}$ であり，このように加速度が一定である直線運動のことを，**等加速度直線運動**とよぶ。

　一方で，x 軸に沿って正の方向に減速しながら運動する物体を考えよう。図 2.10 のように，時刻 $t = 0\,\mathrm{s}$ で原点 O にあった物体が，$t = 0\,\mathrm{s}$ から $5\,\mathrm{s}$ までの間に，$1\,\mathrm{s}$ ごとに $x = 0\,\mathrm{m}$, $6\,\mathrm{m}$, $11\,\mathrm{m}$, $15\,\mathrm{m}$, $18\,\mathrm{m}$, $20\,\mathrm{m}$ と位置を変化させたとする。ここで，$1\,\mathrm{s}$ ごとの変位を矢印で表すと，x 軸の正の向きに長さが $6\,\mathrm{m}$, $5\,\mathrm{m}$, $4\,\mathrm{m}$, $3\,\mathrm{m}$, $2\,\mathrm{m}$ の矢印で描けるので，$1\,\mathrm{s}$ ごとの速度もまた，x 軸の正の向きに大きさが $6\,\mathrm{m/s}$, $5\,\mathrm{m/s}$, $4\,\mathrm{m/s}$, $3\,\mathrm{m/s}$, $2\,\mathrm{m/s}$ の矢印となる。これは，物体の速度が $1\,\mathrm{s}$ ごとに $-1\,\mathrm{m/s}$ ずつ変化していることを示しており，この物体の加速度は $-1\,\mathrm{m/s^2}$ である。すなわち，負の加速度をもつ物体の運動は，減速運動である。

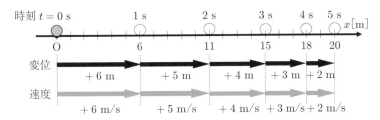

図 2.10　負の加速度をもつ物体の等加速度直線運動

　このように，加速度は向きと大きさの情報をもつベクトル（加速度ベクトル）であるが，速度の場合と同様に，1 次元の直線運動の場合には，プラスやマイナスの符号によって向きの情報をもつ（図 2.11）。ただし，加速度の向きとは物体が移動する向きではなく，速度が加速するか減速するかを示す向きであることに注意する。

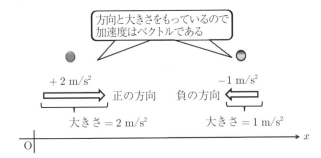

図 2.11　加速度ベクトル

2.5　運動のグラフ化

　図 2.12(a) のように，時刻 $t = 0\,\mathrm{s}$ において位置 $x_0\,\mathrm{[m]}$ にあった物体が，x 軸に沿って速度 v で等速直線運動する場合を考えよう。物体は $1\,\mathrm{s}$ ごとに $v\,\mathrm{[m]}$ ずつ変位していくので，時間 $t\,\mathrm{[s]}$ の間に $vt\,\mathrm{[m]}$ だけ変位する。これより，時刻 t における物体の位置 $x(t)$ は次式で与えられる。

$$x(t) = x_0 + vt$$

ここで，x_0 は位置の基準であり，これを**初期位置**とよぶ。

　この物体の速度 v を縦軸に，時刻 t を横軸にとったグラフを描いてみよう。このグラフ

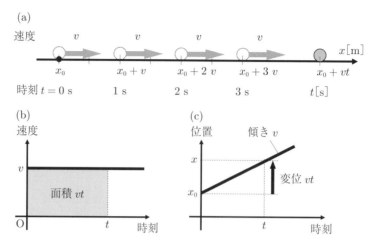

図 2.12 等速直線運動する物体の v-t グラフと x-t グラフ

は v-t **図**（v-t **グラフ**）とよばれる。図 2.12(b) のように，等速直線運動では速度 v が時刻 t によらず一定であるので，v-t グラフは切片が v で水平な直線グラフとなる。この場合，時刻 0 s から t [s] までの物体の変位 $x(t)$ [m] は，図 2.12(b) で示されている，灰色に塗られた長方形の面積 vt に等しい。同様に，位置 x を縦軸に，時刻 t を横軸にとった x-t グラフを考えると，図 2.12(c) のように，等速直線運動する物体の x-t グラフは切片が x_0 で傾きが v の直線グラフになる。

　次に，図 2.13(a) に示すように，物体が一定の加速度 a で x 軸上を等加速度直線運動する場合を考えよう。このとき，物体の初期位置を x_0 [m] とし，時刻 $t = 0$ s のときの物体の速度が v_0 であったとする。この v_0 のことを，**初速度**とよぶ。はじめに，加速度 a を縦軸にとり，時刻 t を横軸にとったグラフを考えよう。このグラフを a-t **図**（a-t **グラフ**）とよぶ。等加速度直線運動では加速度 a [m/s^2] が時刻によらず一定なので，図 2.13(b) に示すように a-t グラフは切片が a の水平な直線グラフとなる。ここで，時刻 0 s から t [s] までの速度変化は at [m/s] となるので，これは図 2.13(b) で示されている，灰色に塗られた長方形の面積に等しい。

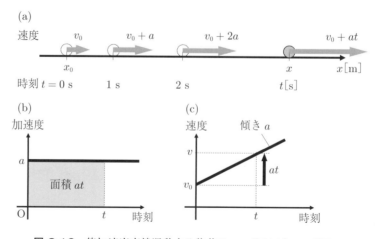

図 2.13 等加速度直線運動する物体の a-t グラフと v-t グラフ

　また，この場合の時刻 t での物体の速度 $v(t)$ は，初速度 v_0 に速度変化 at を足せばよいので，次の公式から求めることができる。

公式 2.1（等加速度直線運動における時刻 t と速度 v の関係） ━━━━━━━

$$v(t) = v_0 + at$$

━━

　この公式から，等加速度直線運動する物体の v-t グラフは，図 2.13(c) で示されているように，切片が v_0 で傾きが a の直線グラフになる。

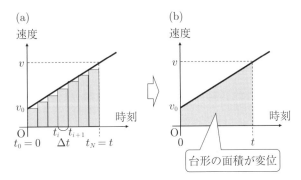

図 2.14　等加速度直線運動の v-t グラフと変位

　ここで，図 2.14(a) で示すように，時刻 $0\,\mathrm{s}$ から $t\,[\mathrm{s}]$ までの間を N 等分して，$\Delta t = t_{i+1} - t_i$ が微小な時間変化であると定義しよう（i は 0 から N までの整数である）。時間変化 Δt の間の物体の変位は $v\,\Delta t$ であり，これは図 2.14(a) のグラフの中に敷き詰められた，1 つの長方形の面積に相当する。すなわち，時刻 $0\,\mathrm{s}$ から $t\,[\mathrm{s}]$ までの変位 Δx は，これらのすべての長方形の面積を足し合わせればよく，かつ時間の分割数である N を無限に大きくとればよいので，Δx は次式のように求めることができる。

$$\Delta x = \lim_{N \to \infty} \sum_{i=0}^{N-1} v(t_i)\,\Delta t = \lim_{N \to \infty} \sum_{i=0}^{N-1} v(t_i)(t_{i+1} - t_i)$$

結果として，Δx は図 2.14(b) で示しているように，直線グラフと横軸との間にできる台形の面積と等しくなるので，台形の上底を v_0，下底を v，高さを t として面積を求めれば，Δx は次のように計算できる。

$$\Delta x = (v_0 + v) \times t \times \frac{1}{2} = \frac{1}{2} t[v_0 + (v_0 + at)] = v_0 t + \frac{1}{2} at^2$$

　したがって，初期位置を x_0 とすれば，等加速度直線運動する物体の時刻 t における位置 $x(t)$ は，次の公式から求めることができる。

公式 2.2（等加速度直線運動における時刻 t と位置 x の関係） ━━━━━━━

$$x(t) = x_0 + \Delta x = x_0 + v_0 t + \frac{1}{2} at^2$$

━━

例 2.1　x 軸上の座標 $x = 7\,\mathrm{m}$ の位置にいた物体が，時刻 $t = 0\,\mathrm{s}$ の時点で速さ $8\,\mathrm{m/s}$ で x 軸の正の向きに運動していた場合を考える。この物体が，$1\,\mathrm{s}$ 間に $2\,\mathrm{m/s}$ の割合で x 軸の正の向きに加速しながら運動した。

(1) この物体の初速度 v_0 を求めよ。

(2) この物体の加速度 a を求めよ。

(3) この物体の任意の時刻 t における速度 v を，t の関数として表せ。

(4) この物体の任意の時刻 t における位置 x を，t の関数として表せ。

(5) 時刻 $t = 5$ s での速度 v_1 [m/s] と位置 x_1 [m] を求めよ。

(6) この物体が位置 $x = 160$ m に到達する時刻 t_1 を求めよ。

[解] (1) 時刻 $t = 0$ s で物体は速さ 8 m/s で x 軸の正の向きに運動しているので，初速度 v_0 [m/s] は $v_0 = \underline{8 \text{ m/s}}$。

(2) 1 s 間あたり 2 m/s の割合で物体の速度が増えているので，加速度 a [m/s^2] は $a = \underline{2 \text{ m/s}^2}$。

(3) (1)，(2) の結果から，任意の時刻 t における物体の速度 v は次式のように書ける。

$$v(t) = v_0 + at = 8 \text{ m/s} + 2 \text{ m/s}^2 \times t \text{ [s]} = \underline{2t + 8 \text{ [m/s]}}$$

(4) 物体は時刻 $t = 0$ s に座標 $x = 7$ m の位置にいたので，物体の初期位置は $x_0 = 7$ m である。これと (1)，(2) の結果から，任意の時刻 t における位置 x は次式のように書ける。

$$x(t) = x_0 + v_0 t + \frac{1}{2}at^2 = 7 \text{ m} + 8 \text{ m/s} \times t \text{ [s]} + \frac{1}{2} \times 2 \text{ m/s}^2 \times (t \text{ [s]})^2 = \underline{t^2 + 8t + 7 \text{ [m]}}$$

(5) (3)，(4) の結果にそれぞれ $t = 5$ s を代入すると，v_1 [m/s] と x_1 [m] は次のように求まる。

$$v_1 = 2 \times 5 + 8 = \underline{18 \text{ m/s}}$$

$$x_1 = 5^2 + 8 \times 5 + 7 = 25 + 40 + 7 = \underline{72 \text{ m}}$$

(6) (4) の結果から，$t_1^2 + 8t_1 + 7 = 160$ を満たす時刻 t_1 [s] を求めればよい。

$$t_1^2 + 8t_1 + 7 - 160 = 0 \quad \rightarrow \quad t_1^2 + 8t_1 - 153 = 0 \quad \rightarrow \quad (t_1 + 17)(t_1 - 9) = 0$$

これより，$t_1 = -17$，9 の 2 つの解があるが，時刻は $t = 0$ を基準としているので，$t_1 = -17$ は除外できる。よって，$t_1 = \underline{9 \text{ s}}$ が求めるべき解である。

2.6 平均の速度と瞬間の速度

すでに説明した通り，速度とは単位時間あたりの変位のことである。しかし，厳密に速度には 2 種類の定義がある。図 2.15 のように，時刻 t_1 から t_2 の間に，物体が位置 x_1 から x_2 に移動した場合を考えよう。このとき，経過時間 $\Delta t = t_2 - t_1$ の間の変位を $\Delta x = x_2 - x_1$ と定義すると，次式で定義される速度 $\bar{v}$ のことを**平均の速度**とよぶ。

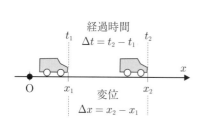

図 2.15 経過時間 Δt における変位 Δx

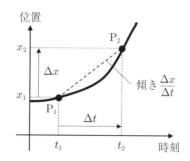

図 2.16 x-t グラフにおける平均の速度の定義

公式 2.3（平均の速度）

$$\bar{v} = \frac{\Delta x}{\Delta t} = \frac{x_2 - x_1}{t_2 - t_1}$$

これを，縦軸を位置 x，横軸を時刻 t とした x-t グラフで考えよう。グラフ上で，物体は図 2.16 で示されているように点 $P_1(t_1, x_1)$ から点 $P_2(t_2, x_2)$ まで移動するが，平均の速度 $\bar{v}$ はこれら 2 点間の傾きに相当する。

一方で，経過時間 Δt を極限まで 0 に近づけた場合の平均の速度のことを，**瞬間の速度**とよぶ。すなわち，瞬間の速度は位置 x を時刻 t で 1 階微分することにより得ることができる。

公式 2.4（瞬間の速度）

$$v = \lim_{\Delta t \to 0} \frac{\Delta x}{\Delta t} = \frac{dx}{dt}$$

ここで，位置 x の時刻 t による変化が，図 2.17 の曲線で与えられているとしよう。この場合，時刻 t における物体の瞬間の速度は，この曲線上の点 P $(t, x(t))$ における接線の傾きに相当する。図 2.18 のように，曲線上の 2 つの時刻 t_1，t_2 におけるそれぞれの点 P_1，P_2 のうち，P_2 のみを $P_2 \to P_2' \to P_2''$ と P_1 に近づけていく場合を考えよう。この図から，2 点間の傾き（平均の速度）が $\Delta t = t_2 - t_1 \to 0$ の極限で，曲線上の 1 点 P_1（P）の接線の傾きに一致することがわかるだろう。

また，物理では「瞬間の速度」のことを，単に「速度」とよぶのが慣例である。

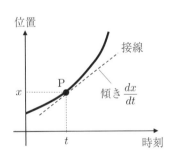

図 2.17 x-t グラフにおける瞬間の速度の定義

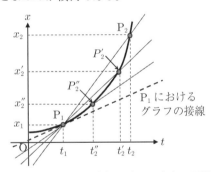

図 2.18 平均の速度と瞬間の速度の関係

2.7 平均の加速度と瞬間の加速度

図 2.19 のように，時刻 t_1 から t_2 の間に，物体の速度が v_1 から v_2 に変化した場合を考えよう。このとき，経過時間 $\Delta t = t_2 - t_1$ の間の速度変化を $\Delta v = v_2 - v_1$ と定義すると，次式で定義される $\bar{a}$ を**平均の加速度**とよぶ。

公式 2.5（平均の加速度）

$$\bar{a} = \frac{\Delta v}{\Delta t} = \frac{v_2 - v_1}{t_2 - t_1}$$

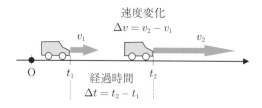

図 2.19 経過時間 Δt における速度変化 Δv

 瞬間の速度の場合と同様に，経過時間 Δt を極限まで 0 に近づけた場合の平均の加速度のことを，**瞬間の加速度**とよぶ。すなわち，瞬間の加速度は速度 v を時刻 t で 1 階微分することにより得られるが，これは位置 x を時刻 t で 2 階微分することによっても得られることを意味する。

公式 2.6（瞬間の加速度）

$$a = \lim_{\Delta t \to 0} \frac{\Delta v}{\Delta t} = \frac{dv}{dt} = \frac{d}{dt}\left(\frac{dx}{dt}\right) = \frac{d^2 x}{dt^2}$$

 また，物理では「瞬間の加速度」のことを，単に「加速度」とよぶのが慣例である。

例 2.2 x 軸に沿って等加速度直線運動する物体を考える。物体の位置 x [m] が以下のように，時刻 t [s] の関数で与えられている。

$$x(t) = -t^2 + 6t + 3$$

(1) 物体の速度 v [m/s] を求めよ。また，この運動の v-t グラフを描け。
(2) 物体の加速度 a [m/s^2] を求めよ。また，この運動の a-t グラフを描け。
(3) 初期位置 x_0 [m] と初速度 v_0 [m/s] を求めよ。
(4) 速度の向きが反転する時刻 $t_{\max}$ を求めよ。
(5) 物体が x 軸の原点から正の方向に最も離れたときの位置 $x_{\max}$ を求めよ。

 [解] (1) 速度 v [m/s] は位置 x を時刻 t で微分すれば得られるので，

$$v(t) = \frac{dx}{dt} = \frac{d}{dt}(-t^2 + 6t + 3) = -\frac{d}{dt}(t^2) + 6\frac{d}{dt}(t) + \frac{d}{dt}(3) = \underline{-2t + 6 \text{ [m/s]}}$$

また，これを v-t グラフで表すと，図 (a) のように描くことができる。

(2) 加速度 a [m/s^2] は速度 v を時刻 t で微分すれば得られるので，

$$a(t) = \frac{dv}{dt} = \frac{d}{dt}(-2t + 6) = -2\frac{d}{dt}(t) + \frac{d}{dt}(6) = \underline{-2 \text{ [m/s}^2\text{]}}$$

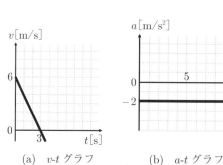

(a) v-t グラフ   (b) a-t グラフ

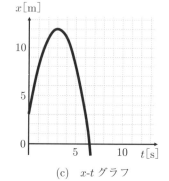

(c) x-t グラフ

また，これを a-t グラフで表すと，図 (b) のように描くことができる。

(3) 初期位置 x_0 [m] は $x(t) = -t^2 + 6t + 3$ に $t = 0$ を代入して，次のように求まる。

$$x_0 = -0 + 6 \times 0 + 3 = \underline{3 \text{ m}}$$

また，初速度 v_0 [m/s] は $v(t) = -2t + 6$ に $t = 0$ を代入して，次のように求まる。

$$v_0 = -2 \times 0 + 6 = \underline{6 \text{ m/s}}$$

(4) 速度 v の値が正から負に反転するときに，一時的に v が 0 になる時刻が $t_{\max}$ [s] である。$t_{\max}$ は次のように求まる。

$$v = -2t_{\max} + 6 = 0 \quad \to \quad 2t_{\max} = 6, \qquad t_{\max} = \underline{3 \text{ s}}$$

(5) (4) の結果から，$x(t) = -t^2 + 6t + 3$ に $t = t_{\max} = 3$ s を代入した x の値を求めればよい。よって，$x_{\max}$ は次のように求まる。

$$x_{\max} = -3^2 + 6 \times 3 + 3 = \underline{12 \text{ m}}$$

また，図 (c) にこの運動の x-t グラフを示す。図からわかるように，グラフは $(t_{\max}, x_{\max}) = (3, 12)$ を頂点とする放物線となる。

2.8 積分による運動の計算

前節では，位置を時間で微分することで速度が，速度を時間で微分することで加速度が求められることを学んだ。ここでは微分の逆の操作である積分を活用してみよう。

例えば，v-t グラフが図 2.20 のような複雑な曲線となるような，一般的な物体の運動について考えよう。時刻 0 から t の間の変位 Δx は，この v-t グラフを 0 から t まで区切った灰色で塗られた面積であるが，この面積を求める操作には積分が必要であり，次のように計算する（u は単なる積分変数）。

$$\Delta x = \int_0^t v(u) \, du$$

したがって，初期位置が x_0 のとき，一般的な運動の時刻 t と位置 $x(t)$ の関係は，次式のように書くことができる。

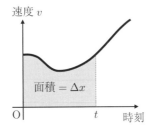

図 2.20 一般的な運動における v-t グラフと変位

公式 2.7（一般的な運動における時刻 t と位置 x の関係）

$$x(t) = x_0 + \Delta x = x_0 + \int_0^t v(u) \, du$$

次に，a-t グラフが図 2.21 のような曲線となる一般的な物体の運動について考えよう。

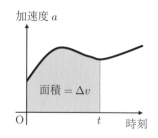

図 2.21　一般的な運動における a-t グラフと速度変化

時刻 0 から t の間の速度変化 Δv は，この a-t グラフを 0 から t まで区切った面積であり，変位 Δx の場合と同様に積分を要する。

$$\Delta v = \int_0^t a(u)\ du$$

したがって，初速度が v_0 のとき，一般的な運動の時刻 t と速度 $v(t)$ の関係は，次式のように書くことができる。

公式 2.8（一般的な運動における時刻 t と速度 v の関係）

$$v(t) = v_0 + \Delta v = v_0 + \int_0^t a(u)\ du$$

2.9　運動のベクトル化

　これまでは，位置，速度，加速度を説明するうえで，1 次元の運動のみを扱ってきたが，現実の物理現象の多くは 3 次元で起こる。本章ではベクトルを用いることで，物体の運動を 1 次元から 3 次元に拡張して，位置，速度，加速度の関係を改めて議論しよう。

　例えば，直交座標で定義された 3 次元空間のある位置に物体があるとき，この物体の位置ベクトルを $\vec{r}$ と書くと，ベクトルの成分表示で

$$\vec{r} = (x, y, z) = x\vec{i} + y\vec{j} + z\vec{k}$$

と書くことができる。ここで，$\vec{i}$，$\vec{j}$，$\vec{k}$ はそれぞれ，x，y，z 軸の正の向きを示す単位ベクトルである。

　また，この物体が速度ベクトル $\vec{v}$ で運動している場合を考えよう。いま，x，y，z 軸方向の速度をそれぞれ，v_x，v_y，v_z と定義すると，

$$\vec{v} = (v_x, v_y, v_z) = v_x\vec{i} + v_y\vec{j} + v_z\vec{k}$$

と書くことができる。ここで，v_x，v_y，v_z はそれぞれ，速度ベクトル $\vec{v}$ の **x 成分**，**y 成分**，**z 成分**とよぶ。同様に，この物体の加速度ベクトルが $\vec{a}$ であるとき，その x，y，z 成分をそれぞれ，a_x，a_y，a_z と定義すれば，

$$\vec{a} = (a_x, a_y, a_z) = a_x\vec{i} + a_y\vec{j} + a_z\vec{k}$$

と書くことができる。

　ここで，位置ベクトル $\vec{r}$ を時間 t で微分すると，

$$\frac{d\vec{r}}{dt} = \frac{d}{dt}(x\,\vec{i} + y\,\vec{j} + z\,\vec{k}) = \frac{dx}{dt}\vec{i} + \frac{dy}{dt}\vec{j} + \frac{dz}{dt}\vec{k}$$
$$= v_x\,\vec{i} + v_y\,\vec{j} + v_z\,\vec{k} = \vec{v}$$

となり，速度ベクトル $\vec{v}$ を時間 t で微分すると，

$$\frac{d\vec{v}}{dt} = \frac{d}{dt}(v_x\,\vec{i} + v_y\,\vec{j} + v_z\,\vec{k}) = \frac{dv_x}{dt}\vec{i} + \frac{dv_y}{dt}\vec{j} + \frac{dv_z}{dt}\vec{k}$$
$$= a_x\,\vec{i} + a_y\,\vec{j} + a_z\,\vec{k} = \vec{a}$$

となるので，1 次元で定義されていた位置 x，速度 v，加速度 a の関係は，2 次元や 3 次元で定義される位置ベクトル $\vec{r}$，速度ベクトル $\vec{v}$，加速度ベクトル $\vec{a}$ に対しても同様に成り立つといえる。したがって，位置，速度，加速度の関係はベクトル化することで，空間の次元によらず次の関係を満たす。

公式 2.9（位置，速度，加速度ベクトルの関係）

$$\vec{v} = \frac{d\vec{x}}{dt}$$
$$\vec{a} = \frac{d\vec{v}}{dt} = \frac{d}{dt}\left(\frac{d\vec{x}}{dt}\right) = \frac{d^2\vec{x}}{dt^2}$$

章末問題 2

2.1 x 軸に沿って等速直線運動を行う 2 物体 A，B を考える。A は時刻 $t = 3$ s に座標 $x = 36$ m を速度 $v = 4$ m/s で通過し，B は時刻 $t = 5$ s に座標 $x = 8$ m を速度 $v = 6$ m/s で通過した。

(1) 物体 A の任意の時刻 t $(t > 3)$ における座標 x_A を t の関数として表せ。

(2) 物体 B の任意の時刻 t $(t > 5)$ における座標 x_B を t の関数として表せ。

(3) B が A を追い越す時刻と，追い越す瞬間の A と B の座標 x_AB を求めよ。

2.2 加速度 $a = 4$ m/s^2 の等加速度直線運動を考える。時刻 $t = 2$ s での速度 v [m/s] は 3 m/s，位置 x [m] は 15 m であるとき，一般的な時刻 t [s] における速度 v と位置 x を求めよ。

2.3 ある物体の速度 $v(t)$ が以下の条件を満たすとき，位置座標 $x(t)$ を積分を用いて求めよ。

$$v(t) = 4t + 4 \qquad (t < 5)$$
$$v(t) = 3t^2 - 2t - 41 \qquad (5 \leqq t)$$
$$x(-1) = 1$$

2.4 物体の位置ベクトル (x, y) [m] が以下の時間 t [s] の関数で与えられている。

$$(x, y) = (2t^2 - 3t + 1,\ t^2 + 6t + 5) \ [\mathrm{m}]$$

(1) 位置ベクトルを時間 t で微分して速度ベクトル $\vec{v}$ を求めよ。

(2) 速度ベクトルを時間 t で微分して加速度ベクトル $\vec{a}$ を求めよ。

(3) 速度の大きさを求めよ。

(4) 加速度の大きさを求めよ。

コラム：鉄道のダイヤグラムは x–t 図

　日本の鉄道は世界一時間に正確なことで知られているが，鉄道の時刻表の作成には x–t 図が使われていることをご存じだろうか。

　列車の運行に用いられる x–t 図のことを「列車ダイヤグラム」とよぶ。ニュースなどでよく耳にする「列車のダイヤ」は，「列車ダイヤグラム」の略である。列車ダイヤグラムでは，横軸に時刻 t，縦軸に距離 x(駅)をとって，x–t 図を作成し，駅と駅の間を斜めの線でつなぐことで列車の運行を表している。各駅での発着時間が決まれば，駅と駅を結ぶ直線の傾きを計算することで駅間での列車の速度を簡単に求めることができる。鉄道では，列車と列車の追い越しや，列車どうしの待ち合わせが頻繁に起こる。単線の路線では列車のすれ違いの時刻や場所をきちんと設定しておかなければ重大な事故につながることになる。列車ダイヤグラムでは，列車の追い越しや待ち合わせ，すれ違いの場所と時刻を x–t 図に図示できるので，時刻表の作成を行ううえで極めて有用なのである。

　日本人技術者に最初にダイヤグラムの作り方を教えたのは，イギリス人の鉄道技術者であるウォルター・フィンチ・ページ(Walter Finch Page，1843 年 4 月 10 日—1929 年または 1930 年)であるとされている。彼は明治の初期に，日本政府から招かれて鉄道の運行に携わったお雇い外国人である。鉄道が日本で開業した明治初期は，ページ氏を含めたお雇い外国人らによって列車の運行計画が作成されていた。開業当初は，運行区間も短く列車本数も少なかったこともあって，列車の計画の作成はそれほど難しいことではなかったようである。しかし，次第に開業区間が伸びて列車本数が増えてくると，列車の運行計画を図示した x–t 図である列車ダイヤグラムを使用しなければ，運行計画を作成するのが困難となっていった。当時，お雇い外国人らは列車ダイヤグラムを日本人技術者に教えなかったために，日本人技術者は自分たちの手で列車の運行計画をつくることができず，非常に苦労したようである。やっとのことでダイヤグラムの作り方をページ氏から聞き出して，運行計画をつくることができるようになったという逸話がある。この逸話は「ページ先生の秘密」とよばれて日本の鉄道関係者に受け継がれている。

3 力の性質と運動

現代の私たちが学び使用している力学の体系はニュートン力学(古典力学)とよばれ，17世紀にニュートンによってまとめられた運動の3法則や万有引力の法則などをもとにして発展してきた。本章では，力学の中でも基本的な役割を果たしている運動の3法則と，力の性質について学んでいこう。

3.1 ニュートンの運動の3法則

ニュートンは，当時流行った疫病を避けるために田舎に移り，その間存分に思索にふけった。そのとき物理学の基礎ともいえる運動の3法則を見いだしたとされる。その3法則とは

- 運動の第1法則(慣性の法則)
- 運動の第2法則(運動の法則)
- 運動の第3法則(作用・反作用の法則)

とよばれる3つの法則である。以下に，これらの法則を順に学んでいこう。

3.1.1 運動の第1法則(慣性の法則)

ウインタースポーツのカーリングで用いられるストーンのように，氷の上など摩擦の少ないところにある物体は，その運動状態(物体の速さや動いている向き，つまり速度)をなかなか変えず，ほぼ一定に保っている。運動状態を保とうとする性質を**慣性**といい，すべての物体は慣性をもつことを述べているのが**運動の第1法則**である。これは，次のようにいい表される。

> **定理 3.1(運動の第1法則(慣性の法則))**　物体に力が働いていないか，働いている力の合力が0であるときには，静止している物体は静止し続け，運動している物体は等速直線運動を続ける*。

運動の第1法則は**慣性の法則**ともいい，すべての物体について成り立つ法則である。例えば，宇宙空間で隕石がずっと同じ速度で飛び続けるのは，「運動している物体が等速直線運動を続ける」慣性によるものであり，ダルマ落としの体のブロックだけをトンカチで弾き飛ばしてもダルマの頭がそのまま下に落ちるのは，「静止している物体は静止し続け

---

*　2つ以上の力が同時に加わったとき，力はベクトルであるため，これらの力はベクトルの和によって1つの力とみなされる。1つとみなしたこの力のことを，**合力**とよぶ。

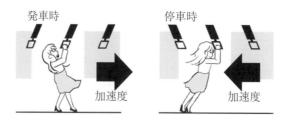

図 3.1 慣性の法則の例

ようとする」慣性によるものである。しかし，日常的に見る多くの物体が，はじめ動いていてもしばらくすると止まってしまったりして等速直線運動を続けないのは，物体に摩擦力や空気抵抗などが働いて，物体に働く力の合力が 0 であるという条件が満たされないためである。

　特に，地球上にいる限りは重力という力が常に働くため，慣性の法則が成り立つ場面にお目にかかれる機会はそれほど多くないが，地球上でも水平方向であれば重力の影響をそれほど受けないので，この法則を観測できる場合が多い。図 3.1 のように，停止した電車内で立っている人が電車の発車時に後方に倒れそうになったり，走っている電車が停止するときに前方に倒れそうになることを日常的に経験するだろう。停止した電車が突然動き出しても，電車内の人は「静止した状態を保とうとする」ので，電車の動きに逆らってその場にいようとして後方に倒れそうになる。一方，走っている電車が停止しようとしても，電車内の人はもともと電車と同じ速度で運動していたので，電車の動きに逆らって「等速直線運動を続けようとする」ため，前方に倒れそうになる。これらのことも，人がその運動状態を一定に保とうとしているという，慣性の法則が現れた例の 1 つと考えることができる。

● 慣性力

　図 3.2(a) のように，静止したバスの中のなめらかで（摩擦がない）水平な床面上の点 P に，小球を静かに置いた場合を考えよう。バスだけが急加速すると，小球はどのような運動をするだろうか。ニュートンの運動の第 1 法則（慣性の法則）によれば「静止した物体は静止し続ける」ので，バスは動き始めても中の小球は静止した状態を保とうとする。したがって，バスの外から小球を観測すると，図 3.2(b) のように小球は同じ位置に居続ける。しかし，バスの中から小球を観測すると小球は左向きに動き出し，もとの位置である点 P から点

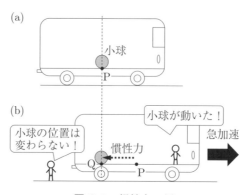

図 3.2 慣性力の例

Qまで移動するように見えるのである。つまり，現実の小球は静止したままで何の力も加わっていないが，バスの中から見た小球には「あたかも左向きに力が働いたように見える」のである。このように，慣性の法則により生じる見かけ上の力のことを，**慣性力**とよぶ。

慣性力が生じるような座標軸の空間（座標軸が0でない加速度をもち動いている空間）では，見かけ上とはいえ物体は力を加えられた振舞いをするので，このような空間座標では慣性の法則が成り立たない。このように，慣性力が生じてしまう座標軸の空間のことを**非慣性系**とよぶ。一方で，慣性力が生じていない座標軸の空間（座標軸が静止しているか一定の速度で運動している空間）のことを，**慣性系**とよぶ。

図3.2(b)を例にあげると，バスの外から観測した座標軸の空間は慣性系であり，バスの中から観測した座標軸の空間は非慣性系であるといえる。

3.1.2 運動の第2法則（運動の法則）

運動の第1法則が，物体に働く力が0であるときのことを述べているのに対し，物体に働く力が0でない場合について述べているのが**運動の第2法則**である。図3.3のように，物体に0でない力が働くと，物体には力の向きに加速度が生じることを述べているのが運動の第2法則であり，より正確には次のようにいい表される。

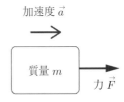

図3.3 運動の第2法則

> **定理3.2（運動の第2法則（運動の法則））** 物体に外からの力が加わると，物体に生じる加速度はその力の大きさに比例し，その加速度の向きは力の向きに一致する[*1]。

また，物体に加える力のベクトルを $\vec{F}$，この力によって物体に生じる加速度のベクトルを $\vec{a}$ とおくと，運動の第2法則は次式のように書くことができる。

公式3.1（運動の第2法則）

$$\vec{F} = m\vec{a} \qquad \left(\vec{F} = m\frac{d^2\vec{r}}{dt^2} \right)$$

ここで，mは力と加速度の比例定数であり，この比例定数のことを**質量**（または**慣性質量**）とよぶ。質量の単位はSI単位系で，「kg（**キログラム**）」を用いる。質量とはどのような物理量であるかを考えてみよう。運動の第2法則より，物体に生じる加速度の大きさaは$a = \frac{F}{m}$で書くことができる。そのため，同じ大きさの力Fを与えた場合でも，物体の質量mが大きければ加速度aは小さくなり，逆に質量mが小さければ加速度aは大きくなることがわかる。したがって，**質量とは物体の動かしにくさ（運動状態の変えにくさ）の度合いを表す量**であり，物体に固有の量である。

質量はしばしば「重さ（重量）」と混同して使われるが，質量と重さは原理的にまったく異なる量であり，その単位も異なる（質量の単位は「kg」，重さの単位は「N（ニュートン）」）。質量と重さの違いについては，3.3節で詳しく学ぼう[*2]。

[*1] 物理学で「力」がどのように定義されるかについては3.2節で詳しく学ぶが，力は大きさと向きをもつのでベクトル量である。

[*2] 運動の第2法則 $F = ma$ に現れる質量のことを「慣性質量」というのに対し，万有引力の法則 $F = GmM/r^2$ に現れる質量のことを「**重力質量**」とよぶ。慣性質量と重力質量は原理的に異なる量であるが，実験により高精度で一致することが確かめられている。

3.1.3 運動の第3法則（作用・反作用の法則）

図 3.4 のように，スケートリンクでスケート靴をはいた人がリンクの周囲の壁を水平方向に強く押すと，押した向きと反対向きに滑り出すことができる。これは，人が壁を押すと，人は押した向きと反対向きに壁から押し返される力を受けるからである。このように，物体 A が物体 B に力を及ぼすときには常に，A は B から同じ大きさで逆向きの力を受ける（図 3.5）。これを**運動の第3法則**，または**作用・反作用の法則**とよぶ。

図 3.4 スケートをする人

> **定理 3.3（運動の第3法則（作用・反作用の法則））**　物体 A が物体 B に力 $\vec{F}_{\mathrm{BA}}$ を及ぼすときは必ず，物体 B は物体 A に力 $\vec{F}_{\mathrm{AB}}$ を及ぼし返す。$\vec{F}_{\mathrm{BA}}$ と $\vec{F}_{\mathrm{AB}}$ は同じ大きさで，互いに逆向き（$\vec{F}_{\mathrm{BA}} = -\vec{F}_{\mathrm{AB}}$）である。

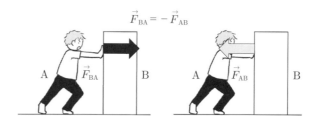

図 3.5　作用・反作用の法則

この法則において，片一方の力を**作用**，もう一方の力を**反作用**という。作用・反作用の法則は，物体が動いていても止まっていても運動状態にかかわらず成り立つし，万有引力*のように離れた物体の間に働く力の場合についても成り立つ。例えば，トラックと自転車が互いに正面から衝突したとき，トラックも自転車も互いに受ける力の大きさは同じである。それでも，衝突後に自転車の方がトラックよりも激しく飛ばされるのは，「動かしにくさ」である質量がトラックよりも自転車の方がはるかに小さいからである。

3.2　力の性質

前節で学んだように，ニュートンの運動の第2法則と第3法則は，力を受けた物体に対して成り立つ物理法則であった。ここで問題となるのは，「力」とは何かである。ここではまず，物理学における力の定義について理解し，力がどのような性質をもつかを学ぼう。

3.2.1　力の定義と表し方

物体の運動状態（物体の速さや動いている向き）を変化させたり，物体が動かないようにするために支えたり，物体の形や大きさを変えたりする効果をもつものを**力**とよぶ。力は大きさ（強さ）と向きをもつベクトル量であり，$\vec{F}$ のようなベクトルの表記と矢印を用いて表すことができる。また，力には必ず力を及ぼす物と力を及ぼされる物が対で存在し，力が働いている場所を**作用点**，作用点を通って力の方向に伸びた直線を**作用線**という。力のベクトルを図示するときは，図 3.6 のように矢印の根元を作用点に合わせて描く。

---

*　質量をもつ 2 つの物体の間に働く，互いに引き付け合う力。3.3.1 項で詳しく学ぶ。

図 3.6 力の図示

「力の大きさ」,「力の向き」,「力の作用点」によって,力が物体にどのような効果を与えるかが決まるので,これらを**力の3要素**という。また,SI 単位系で力の大きさの単位は,「N(**ニュートン**)」,または「kg·m/s^2」が用いられる*。

3.2.2 力の合成と分解

1 つの物体に複数の力が働いているとき,複数の力が働いているのと同じ効果をもたらす 1 つの力を考えることができる。この 1 つの力を**合力**といい,合力を求めることを**力の合成**という。ある物体にそれぞれ $\vec{F_1}$, $\vec{F_2}$ と表される 2 つの力が働いているとき,その 2 つの力の合力 $\vec{F}$ はベクトル $\vec{F_1}$ とベクトル $\vec{F_2}$ の和,つまり図 3.7 のように,$\vec{F_1}$ と $\vec{F_2}$ を隣り合う 2 辺とする平行四辺形の対角線となるベクトルとして求めることができる(**平行四辺形の法則**)。一般に,3 つ以上の力 $\vec{F_1}$, $\vec{F_2}$, $\cdots$, $\vec{F_n}$ の合力 $\vec{F}$ も,ベクトルの足し算により求めることができる。

$$\vec{F} = \vec{F_1} + \vec{F_2} + \cdots + \vec{F_n} \tag{3.1}$$

逆に,1 つの力 $\vec{F}$ と同じ効果をもつ複数の力 $\vec{F_1}$, $\vec{F_2}$, $\cdots$, $\vec{F_n}$ を考えることもでき,$\vec{F_1}$, $\vec{F_2}$, $\cdots$, $\vec{F_n}$ のそれぞれの力を**分力**,分力を求めることを**力の分解**という。分力 $\vec{F_1}$, $\vec{F_2}$, $\cdots$, $\vec{F_n}$ は,$\vec{F}$ との間に式 (3.1) の関係が成り立つようにとればよいので(図 3.8),$\vec{F_1}$, $\vec{F_2}$, $\cdots$, $\vec{F_n}$ には何通りもの取り方がある。

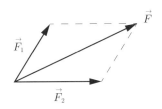

図 3.7 力の合成

図 3.8 力の分解

例 3.1 図 (a) のように,原点 O に 2 つの力 $\vec{F_1}$, $\vec{F_2}$ が働いている。
(1) 2 つの力 $\vec{F_1}$, $\vec{F_2}$ の合力 $\vec{F}$ を図示しなさい。
(2) 合力 $\vec{F}$ の x, y 成分 (F_x, F_y) を求めよ。
(3) $\vec{F}$ の大きさ $F(= |\vec{F}|)$ を求めよ。

---

* 運動の第 2 法則によれば,物体の質量と物体に生じる加速度の大きさの積が,物体に働く力の大きさである。そこで,質量 1 kg の物体に 1 m/s^2 の大きさの加速度を生じさせる力の大きさを 1 N,つまり 1 N = 1 kg·m/s^2 として定められたのが,力の単位 N(ニュートン)である。

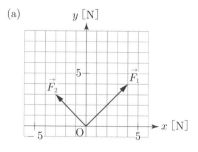

[**解**]　(1)　図 (b) 参照。

(2)　$(F_x,\ F_y) = (F_{1x} + F_{2x},\ F_{1y} + F_{2y}) = (4-3,\ 4+3) = \underline{(1,\ 7)\,[\mathrm{N}]}$

(3)　$F = |\vec{F}| = \sqrt{F_x{}^2 + F_y{}^2} = \sqrt{1^2 + 7^2} = \sqrt{50} = \underline{5\sqrt{2}\,\mathrm{N}}$

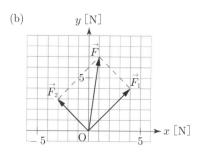

3.2.3　力のつり合い

　物体が静止し続けているとき，物体に働く力の合力は 0 でなければならない。また逆に，静止している物体に働いている力の合力が 0 であれば，物体は静止し続ける*。

　このように，物体に働く力の合力が 0 であることを，**力がつり合っている**という。つまり，物体が静止し続けるためには，物体に働く力がつり合っていなければならない。物体に働いている力のそれぞれを $\vec{F_1}$, $\vec{F_2}$, $\cdots$, $\vec{F_n}$ とし，それらの力の合力を $\vec{F}$ とおくと，物体に働く力のつり合いの条件は，

$$\vec{F} = \vec{F_1} + \vec{F_2} + \cdots + \vec{F_n} = \vec{0}$$

となり，これらを各成分で表すと，

$$F_x = F_{1x} + F_{2x} + \cdots + F_{nx} = 0$$
$$F_y = F_{1y} + F_{2y} + \cdots + F_{ny} = 0$$
$$F_z = F_{1z} + F_{2z} + \cdots + F_{nz} = 0$$

となる。

---

　*　このことは運動の第 2 法則（部分的には第 1 法則）より導かれる。運動の第 2 法則 $F = ma$ により，合力 F が 0 であれば加速度 a も 0 となり，はじめ静止していれば静止し続ける。合力 F が 0 でなければ加速度 a も 0 とはならず，はじめ静止していても物体はその後動き出す。

例 3.2 図 (a) のように，原点 O にある物体に 3 つの力 $\vec{F_1}$，$\vec{F_2}$，$\vec{F_3}$ が働いている。この 3 つ
の力はつり合っていて，物体は静止し続けている。このとき，$\vec{F_1}$，$\vec{F_2}$ を求めよ。

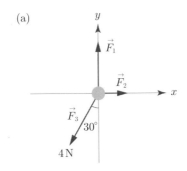

(a)

[解] 力のつり合いの条件

$F_{1x} + F_{2x} + F_{3x} = 0 + F_{2x} - 4\sin 30° = F_{2x} - 2 = 0,$

$F_{1y} + F_{2y} + F_{3y} = F_{1y} + 0 - 4\cos 30° = F_{1y} - 2\sqrt{3} = 0$　より，

$\vec{F_1} = \underline{(0,\ 2\sqrt{3})\ [\text{N}]}$，　$\vec{F_2} = \underline{(2,\ 0)\ [\text{N}]}$ となる（図 (b)）。

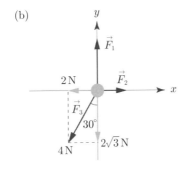

(b)

● **力のつり合いと作用・反作用の法則の違い**

　作用・反作用の法則は，力のつり合いの関係と混同されやすいので注意が必要である。
作用・反作用の法則と力のつり合いの関係はまったく別のものであり，作用・反作用の法
則は常に成り立つ法則であるが，力のつり合いの関係は成り立つ場合もあれば，成り立た
ない場合もある。図 3.9 は床の上に静止して置かれた物体に働く力を示しているが，この

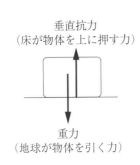

図 3.9　つり合いの関係にある力

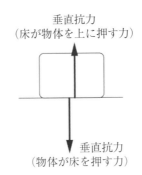

図 3.10　作用・反作用の関係にある力

2つの力には力のつり合いの関係が成り立っているので，物体は静止し続ける。一方，図 3.10 のように，床が物体を上に押す力と作用・反作用の関係にある力は物体が床を押す力となる。

3.3　いろいろな力

　物体が静止し続けるのか，あるいは動き出すのか，動くとすればどのような動きをするのかを考えるときには，まず物体に働いている力を求めることが必要となる。力は，離れた2つの物体の間で及ぼし合う力(**遠隔力**)と，接触している2つの物体の間で及ぼし合う力(**接触力**)の2つに分けることができる。物理で扱われる遠隔力には，重力，正や負の電荷の間に働く静電気力，N極やS極の磁極の間に働く磁気力がある。物体にどのような力が働いているかを考えるときには，まず物体に遠隔力が働いているかどうかを検討し，次に物体が接触しているものから受ける力を検討するとよい。ここでは，力学においてよく現れるいくつかの具体的な力について学ぼう。

3.3.1　重力 (万有引力)

　地球上にある物体は，その運動状態にかかわらず，常に地球の中心に向かう力を受けている(図 3.11)。図 3.12 のように，物体を静止させているときも，静かに落下(自由落下)させるときも，斜め方向に投げ上げている(放物運動させる)ときも，物体は常に地球の中心に向かう力を受けている。この力を**重力**といい，重力の大きさを**重さ**(**重量**)という。重力は力の一種なので，重力と重さ(重量)の単位はどちらも「N (ニュートン)」である。また，地球上での重力の大きさ(重さ) W [N] は，物体の質量 m [kg] に比例する。その比例定数を g とおくと，

$$W = mg \tag{3.2}$$

と表される。ニュートンの運動の第2法則([力] = [質量] × [加速度])から，比例定数 g は加速度の次元をもち，これを**重力加速度**とよぶ。重力加速度は重力により物体が落下する加速度であり，地球上でその大きさは場所によって多少異なるが，約 9.8 m/s^2 である。

　重力の起源は地球と地球上の物体との間に働く**万有引力**である(図 3.13)*。万有引力とはニュートンによって発見されたこの世のすべての物体の間に働く遠隔力であり，万有引力には次のような**万有引力の法則**が成り立つ。

> **定理 3.4 (万有引力の法則)**　すべての2つの物体の間には，それぞれの物体の質量 m [kg]，M [kg] の積に比例し，2つの物体の間の距離 r [m] の2乗に反比例する大きさの引力 F_G [N] が生じている。

---

　*　地球上の物体が受ける重力とは，正確には物体が地球から受ける万有引力と，地球の自転による遠心力の合力のことである。そのため，緯度が低くなるにつれて遠心力は大きくなり，重力は小さくなる。しかし，遠心力が最大になる赤道上においても，その大きさは重力の大きさの 0.3 % 程度なので無視してもほぼ差し支えはない。

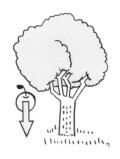

図 3.11 　重力

| 静止 | 自由落下 | 放物運動 |

図 3.12 　重力は運動状態によらない

図 3.13 　万有引力

公式 3.2（万有引力の公式）

$$F_{\mathrm{G}} = G\frac{mM}{r^2}$$

ここで，G は，万有引力定数といわれる定数($G \fallingdotseq 6.673 \times 10^{-11}\mathrm{N \cdot m^2/kg^2}$)である。この万有引力定数 G が 10^{-11} $\mathrm{N \cdot m^2/kg^2}$ 程度と極めて小さいため，地球上にある質量がそれぞれ 1 kg の 2 つの物体の間に働く万有引力は 1000 億分の 1 N 程度であり，私たちが地球上で 2 つの物体が互いに引っ張られる様子を見る機会はほぼない。しかし，2 つの物体のどちらかが巨大な質量をもつ物体であれば，万有引力は無視できない大きさの力となる。その代表的な力の 1 つが重力である。

重力とは，「地球と地球上の物体との間に働く万有引力」のことである。実際に，地球の質量を $M_{\mathrm{E}} (= 5.972 \times 10^{24}$ kg)，地球と地球上の物体との間の距離を地球の半径 $R_{\mathrm{E}} (= 6.371 \times 10^6$ m)として，質量 m の物体に働く重力(万有引力)を計算すると

$$W = F_{\mathrm{G}} = G\frac{mM_{\mathrm{E}}}{R_{\mathrm{E}}^2} = m \cdot \frac{GM_{\mathrm{E}}}{R_{\mathrm{E}}^2}$$

となる。ここで，$g = \frac{GM_{\mathrm{E}}}{R_{\mathrm{E}}^2}$ とすると，重力加速度 g はおよそ 9.8 m/s^2 であることが確認できる。

地球上で質量 $m = 1$ kg の物体に働く重力の大きさ W を N（ニュートン）で表すと，$W = mg \fallingdotseq 9.8$ N であるが，力の大きさの単位にはニュートン以外にも，地球上での重力の大きさが質量とほぼ同じ値になるように定められた**キログラム重**(kgw，または **kg 重**)とよばれるものがある。この単位を用いると，地球上で質量 1 kg の物体に働く重力の大きさはほぼ 1 kgw となり，1 kgw $\fallingdotseq 9.8$ N（1 kgw $= 9.80665$ N）である。

● 重さと質量の違い

重さ(重量)と質量という 2 つの用語は，日常的には混同して用いられることが多いが，物理学においては区別すべき異なる概念である。重さ(重量)はすでに述べたように「重力の大きさ」のことで，重さを W [N]，質量を m [kg] とすると，地球上では $W = mg \fallingdotseq 9.8m$ となる。このように地球上で重さは質量の定数倍となるので，両者の概念を区別しなくても，普段は大きな支障が生じずに用いることができている。

ところで，これまでに扱った法則の中で質量 m が現れるものには，万有引力の法則 $F = GmM/r^2$ と運動の第 2 法則 $F = ma$ があった。重さは重力の大きさ，つまり物体と地球(や月などの星)との間の万有引力の大きさのことであるから，地球以外の場所で重さ

は変化し，例えば月面上では地球上の約 1/6，無重力空間ではほぼ 0 になる。一方，質量は場所によって変化しないので，運動の第 2 法則に関係する現象は地球上と変わらず同じように現れる。例えば，砲丸投げの球は質量が大きいので，地球上で野球の球のように速く投げることができない。これは静止した球を同じ速さで投げるためには同じように加速させることが必要であるが，運動の第 2 法則より同じ加速度を与えるためには，質量が大きい砲丸の球により大きな力を加える必要があるためである。この状況は無重力空間においても同じであり，無重力空間において砲丸の球の重さは 0 になるが，人は無重力空間においても砲丸の球を野球の球のように速く投げることはできない。つまり，質量の大きな物体は無重力空間では重さが 0 になって空中を浮遊し，人はその物体をゆっくりと持ち上げることはできるが，地球上と同じような速さでしか人はその物体を動かすことはできないのである。

3.3.2　張　　力

　図 3.14 のように，ぴんと張られた糸が引く力を**張力**という。糸の張力は糸が張られた方向に働き，糸の質量が無視できるとき張力の大きさは糸の場所によらず同じ大きさになる。

糸の張力

重力

図 3.14　張力

3.3.3　弾 性 力

　つるまきばねを自然の長さより伸ばしたり縮めたりすると，ばねには自然の長さに戻ろうとする力が働く。このように，固体に力を加えて変形させると，変形が小さいときにはその固体がもとの形に戻ろうとする復元力が生じる。固体のもとの形に戻ろうとする性質を**弾性**といい，復元力のことを**弾性力**という。弾性力の大きさには**フックの法則**が成り立つ。

　定理 3.5（フックの法則）　固体を変形させると変形が小さいときには復元力が働き，復元力の大きさは変形の大きさに比例する。

公式 3.3（フックの法則の公式） ─────────────────────────────

$$F = -kx$$

───

　ここで，F [N] は弾性力（復元力），k [N/m] は**弾性定数**（ばねの場合は，**ばね定数**とよぶ），x [m] は変形量（ばねの場合には，ばねの自然の長さからの伸びや縮み）であり，右辺の負号は弾性力の向きが変形の向きと逆の復元力であることを示している。k が大きいほど変

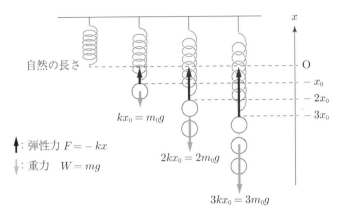

図 3.15 弾性力

形に必要な力の大きさは大きくなり, k は変形のしにくさ(硬さ)を表す。図 3.15 のように ばねにおもりを吊るして静止させると, ばねの伸びはおもりの質量に比例する。これは, おもりに働く重力とばねの弾性力がつり合っており, おもりに働く重力は質量に比例し, ばねの弾性力はフックの法則よりばねの自然の長さからの伸びに比例するためである。

例 3.3 図 (a) のように, ばね定数 $k = 40$ N/m のばねに質量 $m = 0.20$ kg のおもりを取り付け, おもりを吊り下げて静止させた。また, 重力加速度の大きさ g を 9.8 m/s^2 とする。
 (1) おもりに働く力を矢印で図示しなさい。
 (2) ばねの自然の長さからの伸び x を求めよ。

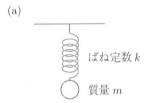

[解] (1) 図 (b) 参照。重力は物体の中心(重心)を作用点として下向きに矢印を描く。
 (2) おもりに働く重力の大きさを W, 弾性力の大きさを F とすると, 重力と弾性力の力の 向きは互いに逆向きなので, おもりに働く力のつり合いの条件は $F = W$ である。$F = kx$, $W = mg$ なので,

$$x = \frac{mg}{k} = \frac{0.20 \times 9.8}{40} = \underline{0.049\,\text{m}}$$

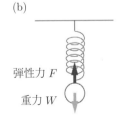

3.3.4 抗　力

物体が接触している面から受ける力を**抗力**という。抗力のうち，面に垂直な成分を**垂直抗力**，面に平行な成分を**摩擦力**という(図3.16，図3.17)。摩擦力は，物体の面に沿った方向で運動を妨げる向きに働き，摩擦力が働く面を粗い面，摩擦力が働かない面をなめらかな面という。

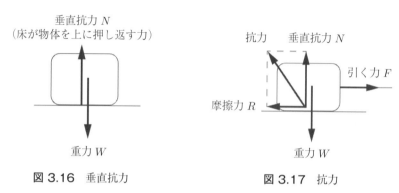

図 3.16　垂直抗力　　　　　　　　　図 3.17　抗力

例 3.4　図 (a) のように，水平でなめらかな床の上に質量 $m = 2.0$ kg の物体を静止させて置いた。また，重力加速度の大きさ g を 9.8 m/s^2 とする。

(1)　物体に働く力を矢印で図示しなさい。

(2)　(1) で求めた力のそれぞれについて，力の大きさを求めよ。

(a)

質量 2 kg

[**解**]　(1)　図 (b) 参照。

(2)　おもりに働く重力の大きさ W は，$W = mg = 2.0 \times 9.8 = 19.6 ≒ 20$ N となる。垂直抗力の大きさ N は，物体に働く力のつり合いの条件 $N = W$ より，$N = W = 20$ N と求められる。

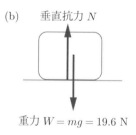

(b)　垂直抗力 N

重力 $W = mg = 19.6$ N

3.3.5　摩　擦　力

水平な粗い床面の上に置かれた物体を水平方向に引くと，引く力が小さいときは床面と物体との間の摩擦により物体は静止したままであるが，引く力を大きくすると物体は動き出して床面上を滑る。物体が静止しているときに物体に働く摩擦力を**静止摩擦力**，物体が床面上を滑っているときに物体に働く摩擦力を**動摩擦力**という。

粗い水平な床面上で物体を水平方向に引く力の大きさ F を横軸にとり，物体に生じる

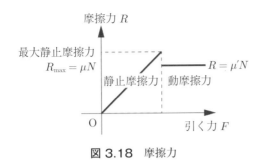

図 3.18 摩擦力

静止摩擦力の大きさ R を縦軸にとってグラフにすると，図 3.18 の静止摩擦力と書いてある領域に見られるように直線となる。物体が静止しているときは，物体に働く水平方向の力はつり合っているので，

$$R = F \tag{3.3}$$

の関係が成り立ち，静止摩擦力の大きさは物体を引く力と同じ大きさで変化する。しかし，静止摩擦力の大きさには上限があり，この最大値を**最大静止摩擦力**という。最大静止摩擦力の大きさ $R_{\max}$ は，物体が床面から受ける垂直抗力の大きさ N に比例することが経験的に知られており，その比例定数を**静止摩擦係数**という。静止摩擦係数は物体と床の材質や状態によって決まり（表 3.1），静止摩擦係数を μ と表すと次の公式が成り立つ。

公式 3.4（最大静止摩擦力の公式） ─────────────────

$$R_{\max} = \mu N$$

─────────────────────────────────

　物体を引く力の大きさ F が最大静止摩擦力 $R_{\max}$ を超えると，物体は動き出す。動いている物体に働く摩擦力を動摩擦力というが，図 3.18 で示されているように，動摩擦力の大きさは引く力の大きさにかかわらず，ほぼ一定となることが知られている。動摩擦力の大きさも，物体が床面から受ける垂直抗力の大きさ N に比例し，この比例定数を**動摩擦係数**という。動摩擦力の大きさを R，動摩擦係数を μ' と表すと，動摩擦力には次の公式が成り立つ。

公式 3.5（動摩擦力の公式） ─────────────────

$$R = \mu' N$$

─────────────────────────────────

ここで，動摩擦係数も物体と床の材質や状態によって決まる（表 3.1）。

表 3.1 摩擦係数

摩擦係数	静止摩擦係数	動摩擦係数
ガラスどうし（乾燥）	0.9	0.4
鋼鉄どうし（乾燥）	0.7	0.5
ポリ塩化ビニルと鋼鉄	0.45	0.40
ナイロンどうし	0.47	0.40
タイヤと路面	0.6 から 1.1	0.3 から 0.9

例 3.5　図のように，水平で粗い床の上に質量 1.0 kg の箱が置いてある。この箱に糸をつけて，右向きに一定の力を加え続けた。重力加速度の大きさが 9.8 m/s^2，箱と床面との間の静止摩擦係数が 0.50，動摩擦係数が 0.20 であるとして，以下の問いに答えよ。

(1)　箱に加えた力の大きさが 2.0 N であるとき，箱は静止したままだった。このとき，箱に働く静止摩擦力の大きさを求めよ。

(2)　箱に加える力の大きさを徐々に大きくすると，ある大きさ f_{max} [N] に達した後で箱は動き始めた。この最大静止摩擦力の大きさ f_{max} を求めよ。

(3)　動き出した後の物体に働く動摩擦力の大きさを求めよ。

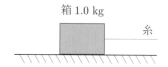

箱 1.0 kg

糸

[解]　(1)　箱が静止するとき，箱に加えた右向きの力の大きさ F と，箱が床から受ける左向きの静止摩擦力の大きさ f はつり合っているので，静止摩擦力の大きさ f は，$f = F = \underline{2.0\ N}$ となる。

(2)　箱が床から受ける垂直抗力の大きさ N [N] は，箱に働く重力の大きさ $F_G = mg = 1.0 \times 9.8 = 9.8$ N に等しい。これより，最大静止摩擦力の大きさ f_{max} [N] は，静止摩擦係数 $\mu = 0.50$ を用いて，$f_{max} = \mu N = 0.50 \times 9.8 = \underline{4.9\ N}$ となる。

(3)　動き出した後の箱に働く動摩擦力の大きさ f' [N] は，動摩擦係数 $\mu' = 0.20$ を用いて，$f' = \mu' N = 0.20 \times 9.8 = 1.96 \fallingdotseq \underline{2.0\ N}$ となる。

章末問題 3

3.1　図のように，物体 A と B が床の上に置かれている。力 a から f について以下の問いに答えよ。

(1)　力 a から f は，何が何から受ける力か答えよ。

(2)　作用・反作用の関係にある力はどれとどれか。2 組答えよ。

(3)　物体 A に関してつり合いの関係にある力を選べ。

(4)　物体 B に関してつり合いの関係にある力を選べ。

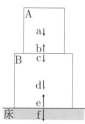

3.2　ともに質量 50 kg の 2 人の生徒が，距離 1 m だけ離れて座っている。万有引力定数を $G = 7 \times 10^{-11}$ N·m^2/kg^2 とするとき，この 2 人の生徒の間に働く万有引力の大きさを求めよ。

3.3　質量 2.0 kg の物体が，なめらかな水平面上に置かれている。その物体を 4.0 N の大きさで水平に引っ張ったときの加速度を求めよ。

3.4　水平で粗い床の上に質量 1.2 kg の箱が置いてある。この箱に糸をつけて，右向きに力を加えた。重力加速度の大きさが 9.8 m/s^2，箱と床面との間の静止摩擦係数が 0.40，動摩擦係数が 0.20 であるとして，以下の問いに答えよ。

(1)　箱に加えた力の大きさが 3.0 N であるとき，箱は静止したままだった。このとき，箱に働く静止摩擦力の大きさを求めよ。

(2)　箱に加える力の大きさを徐々に大きくしていくと，ある大きさ f_{max} [N] に達した後で箱は動き始めた。この力の大きさ f_{max}（最大静止摩擦力の大きさ）を求めよ。

(3)　箱に加える力の大きさが f_{max} に達した後である一定の力を加えると，箱は右方向に一定の速さ 5.0 m/s で運動し続けた。このとき，箱に働く動摩擦力の大きさを求めよ。

4

いろいろな運動

前章では力学の基礎である，ニュートンの運動の3法則と，力の定義・性質について学んだ。世の中には様々な種類の力が存在するが，地球上で私たちが最もよく目にするのは，重力のもとでの物体の運動である。本章でははじめに，重力下での様々な運動について学ぶ。それから，力を加えられた物体の運動を考えるうえで最も重要な手法である，運動方程式の構築方法について学び，いくつかの具体的な物理現象の問題を解いてみよう。

4.1 重力下での物体の運動

物体を静かに落下させた場合を考えよう。物理学で物体を静かに落下させることは，物体を初速度0で落下させることを示しており，このような落下現象のことを**自由落下**とよぶ。また，上向きに投げ上げられた物体の運動のことを**鉛直投げ上げ運動**，斜め上方向に投げ上げられた物体の運動のことを**斜方投射**(放物運動)とよぶ。地球上ではこのように，重力の影響を受けた様々な運動を観測する。以下にこれらの運動について議論しよう。

4.1.1 自由落下・鉛直落下運動

図 4.1 のように，地球上で自由落下した物体は空気抵抗がなければ，鉛直方向で下向きに一定の重力加速度の大きさ $g \fallingdotseq 9.8$ m/s^2 で等加速度直線運動を行う*。したがって，初速度 v_0 [m/s] で鉛直下向きに落下させた物体は，1 s ごとに速度を g ずつ増加させながら(加速しながら)落下する。加速度 a [m/s^2] で等加速度直線運動する物体の，時刻 t と速度 $v(t)$ の関係式は

$$v(t) = v_0 + at \tag{4.1}$$

図 4.1 鉛直落下運動

であることをすでに学んだので(公式 2.1)，鉛直下向きに落下する物体は，加速度 a を重力加速度 g に置き換えればよい。

また，鉛直下向きに y [m] の正の軸をとり，物体を落下させた初期位置を y_0 [m] と定義しよう。加速度 a で等加速度直線運動する物体の，時刻 t と位置 $y(t)$ の関係式は

$$y(t) = y_0 + v_0 t + \frac{1}{2}at^2 \tag{4.2}$$

と書けることはすでに学んだので(公式 2.2)，落下する物体に対しては先ほどと同様に，a を g で置き換えればよい。

したがって，鉛直下向きに落下する物体の時刻 t における速度 $v(t)$，位置 $y(t)$ の関係式

---

* 一般に，地球上で水平な面に対して垂直な方向のことを，**鉛直方向**とよぶ。

は，次の公式から求められる。

公式 4.1（鉛直落下運動の時刻 t，速度 v，位置 y の関係式）

$$v(t) = v_0 + gt$$
$$y(t) = y_0 + v_0 t + \frac{1}{2} g t^2$$

例 4.1 質量 2.0 kg の物体を十分に高い位置から時刻 0 s で静かに落下させたとき，時刻 5.0 s での物体の速さを求めよ。ただし，空気抵抗はなく，重力加速度の大きさは 9.8 m/s² であるとする。

[解] 物体を静かに落下させたので，その初速度は $v_0 = 0.0$ m/s である。よって，時刻 $t = 5.0$ s での物体の速さ v [m/s] は，重力加速度を $g = 9.8$ m/s² とおくと次のように求まる。

$$v = v_0 + gt = 0.0 + 9.8 \times 5.0 = \underline{49 \text{ m/s}}$$

4.1.2 鉛直投げ上げ運動

図 4.2 のように，地球上で鉛直上向きに初速度 v_0 [m/s] で投げ上げられた物体は，空気抵抗がなければ 1 s ごとに速度を重力加速度 $g \fallingdotseq 9.8$ m/s² ずつ減少させながら上昇する。すなわち，鉛直に投げ上げられた物体の運動は，加速度が $-g$ の等加速度直線運動である。

今度は鉛直上向きに y の正の軸をとろう。鉛直上向きに投げ上げられた物体の時刻 t と速度 $v(t)$ の関係式は，式 (4.1) の加速度 a を，負の重力加速度 $-g$ で置き換えればよい。また，初期位置を y_0 [m] と定義すると，時刻 t と位置 $y(t)$ の関係式は先ほどと同様に，式 (4.2) の a を $-g$ で置き換えればよいので，鉛直上向きに投げ上げられた物体の時刻 t における速度 $v(t)$，位置 $y(t)$ の関係式は，次の公式から求められる。

図 4.2 鉛直投げ上げ運動

公式 4.2（鉛直投げ上げ運動の時刻 t，速度 v，位置 y の関係式）

$$v(t) = v_0 - gt$$
$$y(t) = y_0 + v_0 t - \frac{1}{2} g t^2$$

例 4.2 質量 2.0 kg の物体を地上から時刻 0 s に，速さ 98 m/s で鉛直上方向に投げ上げた。空気抵抗はなく，重力加速度の大きさが 9.8 m/s² であるとして以下の問いに答えよ。

(1) 物体が最高点に達する時刻を求めよ。

(2) 地上から物体が達する最高点までの高さを求めよ。

[解] (1) 物体の初速度は $v_0 = 98$ m/s であり，最高点に達した瞬間の物体の速度は $v = 0.0$ m/s となるので，重力加速度の大きさを $g = 9.8$ m/s² として，物体が最高点に達する時刻 t [s] は次のように求まる。

$$v = v_0 - gt \quad \rightarrow \quad 0.0 = 98 - 9.8t \quad \rightarrow \quad t = \frac{98}{9.8} = \underline{10 \text{ s}}$$

(2) 地上を原点にとり鉛直上向きを y の正の軸にとると，物体の初期位置は $y_0 = 0.0$ m と

なる。また，(1) の結果から，物体が最高点に達する時刻は $t = 10$ s なので，地上から最高点までの高さ y [m] は次のように求まる。

$$y = y_0 + v_0 t - \frac{1}{2}gt^2 = 0.0 + 98 \times 10 - \frac{1}{2} \times 9.8 \times 10^2$$

$$= 980 - 490 = \underline{490 \text{ m}}$$

4.1.3 斜方投射

水平面からある角度 θ で投げ上げられた物体の運動を考えよう。キャッチボールで投げ出されたボールの運動が典型的な例であるが，物体は放物線とよばれる 2 次関数の曲線に沿って，山を描きながら飛んでいく。この場合，物体は 2 次元平面内で時間とともに方向を変えるので，運動を水平方向と鉛直方向に分けて考えると見通しがよい。

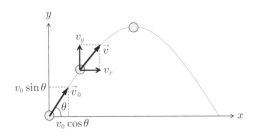

図 4.3 斜方投射

図 4.3 のように，水平右方向に x の正の軸，鉛直上方向に y の正の軸をとろう。物体が原点から，初速度 $\vec{v}_0 = (v_{0x}, v_{0y})$，$x$ 軸との間の角度 θ で投げ出されたとき，初速度の x，y 成分はそれぞれ，$v_{0x} = v_0 \cos\theta$，$v_{0y} = v_0 \sin\theta$ と書くことができる。まず，水平方向については，風や空気抵抗を考えない限り物体に水平方向の力は働かない。このことから，物体の水平方向の運動は，速度が初速度の x 成分 $(v_0 \cos\theta)$ で一定の，等速直線運動であるとみなすことができる。一方，鉛直方向は常に $-y$ 方向に対して一定の重力が働く。このことから，重力加速度の大きさを g とおくと，物体の鉛直方向の運動は鉛直投げ上げ運動（加速度が $-g$ の等加速度直線運動）であるとみなすことができる。

したがって，時刻 t における物体の速度ベクトル $\vec{v}(t) = (v_x(t), v_y(t))$ と，位置ベクトル $\vec{r}(t) = (x(t), y(t))$ の関係式は，次の 4 つの公式でまとめることができる（(x_0, y_0) は物体の初期位置であるが，いまは原点を初期位置としているので $(x_0, y_0) = (0, 0)$ である）。

公式 4.3（斜方投射の時刻 t，速度 $\vec{v}$，位置 $\vec{r}$ の関係式）

$$v_x(t) = v_0 \cos\theta$$

$$v_y(t) = v_0 \sin\theta - gt$$

$$x(t) = x_0 + v_0 \cos\theta t$$

$$y(t) = y_0 + v_0 \sin\theta t - \frac{1}{2}gt^2$$

例 4.3 図のように，物体を速さ 98 m/s で水平面からの角度が 30° となるように，時刻 0 s で投げ上げた。物体を投げ上げた位置を原点として鉛直上方向に y，水平右方向に x の正の軸をそれぞれとる。空気抵抗はなく重力加速度の大きさを 9.8 m/s^2 として，以下の問いに答えよ。

(1) 投げ上げた物体が最高点に達する時刻を求めよ。

(2) 投げ上げた位置から物体が達する最高点までの高さ(鉛直距離)を求めよ。

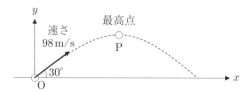

[解] (1) 物体の初速度を $v_0 = 98$ m/s, 投げ上げた角度を $\theta = 30°$ とおく。物体が最高点に達した瞬間に, 速度の y 成分は $v_y = 0.0$ m/s となるので, 重力加速度の大きさを $g = 9.8$ m/s^2 とおくと, 物体が最高点に達する時刻 t [s] は次のように求まる。

$$v_y = v_0 \sin\theta - gt \quad \rightarrow \quad 0.0 = 98 \times \sin 30° - 9.8 \times t$$

$$9.8t = 98 \times \frac{1}{2} \quad \rightarrow \quad t = \frac{49}{9.8} = \underline{5.0 \text{ s}}$$

(2) (1) より物体が最高点に達する時刻は $t = 5.0$ s であり, y 方向の位置の基準は $y_0 = 0.0$ m なので, 投げ上げた位置から最高点までの高さ y は,

$$y = y_0 + v_0 \sin\theta t - \frac{1}{2}gt^2 = 0.0 + 98 \times \sin 30° \times 5.0 - \frac{1}{2} \times 9.8 \times 5.0^2$$

$$= 98 \times \frac{1}{2} \times 5.0 - \frac{1}{2} \times 9.8 \times 25 = 122.5 \fallingdotseq \underline{1.2 \times 10^2 \text{ m}}$$

4.2 運動方程式の構築

世の中の様々な運動を解き明かすために, 運動方程式とよばれる式を構築するテクニックが必要となる。本章では運動方程式とは何か, 運動方程式を構築する方法について説明し, いくつかの具体的な運動を例にあげてこれらの問題を解いてみよう。

4.2.1 運動方程式

ニュートンの運動の第2法則(運動の法則)では,「力を加えられるとその物体の速度が変わる(つまり加速する)」という簡単なことを言っている。では, 実際どのように速度が変わるのであろうか? まず, ある物体を思いっきり加速させたければ, 目一杯強い力を与えればよい。なぜなら, 物体の加速度とその物体が受ける力は比例しているからである。一方で, 同じ力を与えたとしても質量が大きい物体は動きづらい。つまり, 加速しづらいというのも容易に想像できるであろう。すなわち, 物体の質量と加速度は反比例している。

加速度 $\vec{a}$ は位置ベクトル $\vec{r}$ の時間 t による2階微分で表せるので, 物体が受ける力を $\vec{F}$, 物体の質量を m とおくと, ニュートンの運動の第2法則は改めて次式のように表せる。

公式 4.4(運動方程式)

$$m\frac{d^2\vec{r}}{dt^2} = \vec{F}$$

　ニュートンの運動の第 2 法則から導かれたこの方程式を，**運動方程式**とよぶ。運動方程式は，力学の中でも最も重要な式の 1 つであり，この世のすべてを記述する式とも言える。なぜなら，この世に止まっているものは 1 つもないからである。寝っ転がってこの教科書を読んでいようが地球は動いているし，太陽系だって銀河のまわりを動いている。銀河は銀河団の中を，銀河団は超銀河団の中を動いている。そのように動いているものはすべて運動方程式で記述されるということである。

4.2.2　運動方程式の構築方法

　与えられた運動に対して運動方程式を構築するためには，次の 3 つの段階を踏む必要がある。

- [Step 1]：**物体に働くすべての力のベクトルを描く**
- [Step 2]：**[質量] × [加速度] = [力] の式を立てる**
- [Step 3]：**物体の現実の運動を考慮して式を簡単化する**

　例として，粗い水平面上に置かれた質量 m [kg] の四角い物体が，水平右向きに一定の大きさの力 T [N] で引っ張られている場合を考えよう。

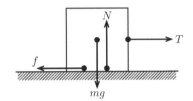

図 4.4　粗い水平面上に置かれた物体の運動

　まずは [Step 1] に従い，物体に働くすべての力のベクトル（矢印）を描くと，図 4.4 のように上下左右の 4 つの矢印で表すことができる。mg は物体に働く重力（g は重力加速度の大きさ），N は床から物体に働く垂直抗力，T は物体を右向きに引く力，f は摩擦力である。

　次に [Step 2] を実行するために，水平右向きに x の正の軸，鉛直上向きに y の正の軸をとり，物体の加速度ベクトルを $\vec{a} = (a_x, a_y)$ と定義しておこう。x 軸方向に注目すると，T は x 軸の正の向きに働くので正の力，f は x 軸の負の向きに働くので負の力となり，x 軸方向の運動方程式は次のように書ける。

$$ma_x = T - f \tag{4.3}$$

同様に，y 軸方向の運動方程式は次のように書ける。

$$ma_y = N - mg \tag{4.4}$$

　最後に [Step 3] に従い，物体の現実の運動を考慮して式 (4.3) と式 (4.4) を簡単化しよう。この状態で，物体が運動する向きは水平方向のみであり，鉛直方向に運動することは考えられない。すなわち，物体の加速度は x 成分のみを考えればよく，$\vec{a} = (a_x, a_y) = (a, 0)$ と書くことができる。したがって，この物体の x，y 方向の運動方程式は，それぞれ次のように書き直すことができる。

$$x\,方向:\quad ma = T - f \tag{4.5}$$

$$y\,方向:\quad 0 = N - mg \tag{4.6}$$

式 (4.5) から，物体が水平方向に動き出す加速度は $a = \frac{T-f}{m}$ より求まることがわかり，式 (4.6) から，物体が床から受ける垂直抗力が $N = mg$ より求まることがわかる。

4.2.3 斜面上の物体の運動

図 4.5 のように，水平面と角度 θ をなすなめらかな斜面上を運動する，質量 m の物体について考えよう。

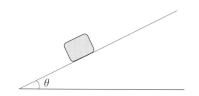

図 4.5 なめらかな斜面上を運動する物体

まずは [Step 1] に従い，物体に働くすべての力のベクトル（矢印）を描こう。この場合，図 4.6 のように，鉛直下向きに働く重力 mg（g は重力加速度の大きさ）と，斜面と垂直で上向きに働く垂直抗力 N の 2 本の矢印が，いまの物体に働くすべての力のベクトルになる。

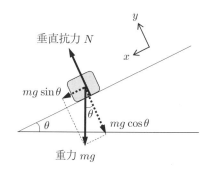

図 4.6 なめらかな斜面上の物体に働く力

次に [Step 2] を実行するために，図 4.6 のように斜面に沿って下りる向きに x の正の軸，斜面と垂直で上向きに y の正の軸をとり，物体の加速度ベクトルを $\vec{a} = (a_x, a_y)$ と定義しよう。ただし，この状況だと重力 mg は，x 軸にも y 軸にも沿わない向きである。そこで，図 4.6 で示されているように，重力 mg を対角線とした平行四辺形（長方形）を考えて，x 成分の分力 $mg\sin\theta$ と y 成分の分力 $mg\cos\theta$ に分解する。これらの条件で x 軸方向の運動方程式は

$$ma_x = mg\sin\theta \tag{4.7}$$

となり，y 軸方向の運動方程式は

$$ma_y = N - mg\cos\theta \tag{4.8}$$

と書くことができる。

最後に [Step 3] に従い物体の現実の運動を考慮すると，物体は斜面上を運動するので，斜面と垂直な向きに運動することは考えられない。したがって，物体の加速度は x 成分の

みを考えればよく，$\vec{a} = (a_x, a_y) = (a, 0)$ と書くことができる。これより，式 (4.7) と式 (4.8) は，それぞれ次のように簡単化することができる。

$$x \text{ 方向：} \quad ma = mg\sin\theta \tag{4.9}$$

$$y \text{ 方向：} \quad 0 = N - mg\cos\theta \tag{4.10}$$

式 (4.9) から，物体が斜面に沿って下向きに運動する加速度は $a = g\sin\theta$ より求まり，式 (4.10) から，物体が斜面から受ける垂直抗力は $N = mg\cos\theta$ より求まることがわかる。

例 4.4 図のように，角度 30° のなめらかな斜面上の点 O に，質量 2.0 kg の物体を置いて静かに手を放したところ，物体は斜面上を滑り始め，手を放してから 4.0 s 後に床面上の点 P に到達した。重力加速度の大きさが 9.8 m/s² であるとして，以下の問いに答えよ。

(1) 物体が斜面から受ける垂直抗力の大きさを求めよ。ただし，$\sqrt{3} = 1.7$ とする。

(2) OP 間の距離を求めよ。

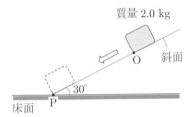

[解] (1) 物体の質量を $m = 2.0$ kg，斜面の角度を $\theta = 30°$，重力加速度の大きさを $g = 9.8$ m/s² とおくと，物体が斜面から受ける垂直抗力の大きさ N [N] は，

$$N = mg\cos\theta = mg\cos 30° = 2.0 \times 9.8 \times \frac{\sqrt{3}}{2}$$
$$= 2.0 \times 9.8 \times \frac{1.7}{2} = 16.66 \fallingdotseq \underline{17 \text{ N}}$$

(2) 物体が斜面を滑り下りる加速度の大きさ a [m/s²] は，

$$a = g\sin\theta = g\sin 30° = 9.8 \times \frac{1}{2} = 4.9 \text{ m/s}^2$$

と求まる。また，O を原点として x 軸の正の向きを斜面に沿って下向きにとると，物体の初期位置は $x_0 = 0.0$ m であり，物体の初速度は $v_0 = 0.0$ m/s なので，時刻 $t = 4.0$ s で物体が移動した OP 間の距離 x は，

$$x = x_0 + v_0 t + \frac{1}{2}at^2 = 0.0 + 0.0 \times 4.0 + \frac{1}{2} \times 4.9 \times 4.0^2$$
$$= \frac{1}{2} \times 4.9 \times 16 = 39.2 \fallingdotseq \underline{39 \text{ m}}$$

4.2.4 運動方程式を用いた鉛直投げ上げ運動の計算

初期位置を原点として，y の正の軸を鉛直上向きにとる。初速度 v_0 で原点から質量 m のボールを鉛直上向きに投げ上げたとき，時刻 t での高さををを求めてみよう。ただし，空気抵抗は無視できるものとする。

いま，物体に働く力は y 軸の負の向きに生じる大きさ mg の重力のみなので，この物体の運動方程式は次のように書ける。

$$m\frac{d^2y}{dt^2} = -mg$$

両辺を m で割って時間 t で不定積分すると，

$$\frac{dy}{dt} = -\int g \ dt = -gt + C_1 \tag{4.11}$$

となる。ここで，C_1 は積分定数である。

さらに，これをもう 1 度，時間 t で不定積分すると

$$y = \int (-gt + C_1) \ dt = -\frac{1}{2}gt^2 + C_1 t + C_2 \tag{4.12}$$

となる。ここでも，C_2 という新たな積分定数が出てくる。これら C_1, C_2 は，初期条件などを使って求めることができる。初速度が v_0 であることと式 (4.11) から，

$$v_0 = -g \times 0 + C_1$$

となり，$C_1 = v_0$ となることがわかる。また，原点 ($y = 0$) からボールを投げ上げたことと式 (4.12) から，

$$0 = -\frac{1}{2} \times g \times 0^2 + C_1 \times 0 + C_2$$

となり，$C_2 = 0$ となる。

よって，時刻 t のときの物体の高さは，式 (4.12) に $C_1 = v_0$，$C_2 = 0$ を代入すればよいので，

$$y(t) = v_0 t - \frac{1}{2}gt^2$$

と求まる。

これは，公式 4.2 で示した鉛直投げ上げ運動の位置 y と時刻 t の関係と一致する（初期位置を原点としているので $y_0 = 0$ である）。

4.2.5 運動方程式を用いた斜方投射の計算

水平右向きに x の正の軸，鉛直上向きに y の正の軸をとり，図 4.7 のように原点から x 軸との間の角度 θ，初速度 v_0 で質量 m のボールを投げた場合を考えよう。このとき，時刻 t での物体の位置 (x, y) は，運動方程式からどのように導かれるだろうか。空気抵抗は無視できるものとし，重力加速度の大きさを g とする。

まず，x 軸方向については物体に力が働かないので，x 軸方向の運動方程式は $m\frac{d^2 x}{dt^2} = 0$ と書ける。この両辺を m で割って，時刻 t で 2 回不定積分を行うと，

$$\frac{dx}{dt} = \int 0 \ dt = C_1 \quad \rightarrow \quad x = \int C_1 \ dt = C_1 t + C_2 \tag{4.13}$$

となる（C_1, C_2 はともに積分定数）。また，初期位置は原点であり，初速度は $v_0 \cos\theta$ であることから，$C_1 = v_0 \cos\theta$，$0 = C_1 \times 0 + C_2 \rightarrow C_2 = 0$ であることが導かれるので，これ

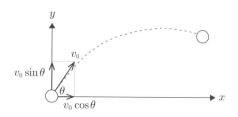

図 4.7 斜方投射の運動方程式

らを式 (4.13) に代入すると，

$$x = v_0 \cos\theta t \tag{4.14}$$

が得られる。

　一方，y 軸方向については，物体に対して $-y$ 方向に大きさ mg の重力が働くので，y 軸方向の運動方程式は $m\frac{d^2y}{dt^2} = -mg$ と書ける。この両辺を m で割って，時刻 t で 2 回不定積分を行うと，

$$\frac{dy}{dt} = -gt + D_1 \quad \rightarrow \quad y = \int (-gt + D_1)\, dt = -\frac{1}{2}gt^2 + D_1 t + D_2 \tag{4.15}$$

となる（D_1, D_2 はともに積分定数）。また，初期位置は原点であり，初速度は $v_0 \sin\theta$ であることから，$v_0 \sin\theta = -g \times 0 + D_1 \rightarrow D_1 = v_0 \sin\theta$, $0 = -\frac{1}{2} \times g \times 0^2 + D_1 \times 0 + D_2 \rightarrow D_2 = 0$ であることが導かれるので，これらを式 (4.15) に代入すると，

$$y = v_0 \sin\theta t - \frac{1}{2}gt^2 \tag{4.16}$$

が得られる。

　式 (4.14) と式 (4.16) はそれぞれ，公式 4.3 で示した斜方投射の位置 x, y と時刻 t の関係に一致するのがわかる（初期位置を原点としているので $x_0 = y_0 = 0$ である）。

　物体が描く軌道を表す式は，式 (4.14) と式 (4.16) の 2 つの式から時刻 t を消去することで，次のように得ることができる。

$$y = -\frac{1}{2}g\left(\frac{x}{v_0 \cos\theta}\right)^2 + x\tan\theta$$

これより，y は x に対する 2 次関数で表せることがわかるので，2 次関数の曲線が放物線とよばれる理由になっている。

4.3　空気抵抗があるときの落下運動

　落下運動についてはすでに触れたが，空気抵抗に関しては考慮に入れていなかった。しかし，空気抵抗があるおかげで雨が体に突き刺さることもないわけである。ここで，そのような現実的な状況を考えるために，空気抵抗を考慮に入れた落下運動について考えよう。空気抵抗による力は，動いている物体を妨げようとする方向に働く。このとき，例えば空気抵抗が働く物体の落下を表す運動方程式は，以下のように表される。

$$m\frac{d^2y}{dt^2} = -mg - \alpha\frac{dy}{dt}$$

ここで，m は物体の質量であり，鉛直上向きに y の正の軸を定義している。$\alpha(> 0)$ は，物体の形状などによって決まる空気抵抗を決める比例定数と思ってよい。α の前についた負符号は，動いている方向と逆向きに空気抵抗が働くことを意味している。

　これを以下のように変形し，

$$\frac{d^2y}{dt^2} + \frac{\alpha}{m}\frac{dy}{dt} = -g$$

微分方程式の解き方に従って一般解を求めると（11 章の例 11.4 で，$a = \frac{\alpha}{m}$, $c = -g$ とすればよい），

$$y = C_1 e^{-\alpha t/m} + C_2 - \frac{mg}{\alpha}t$$

となる。よって，速度は以下のように表すことができる。

$$\frac{dy}{dt} = -\frac{\alpha}{m}C_1 e^{-\alpha t/m} - \frac{mg}{\alpha}$$

初速度を 0 とすると C_1 の値が求まり，速度は

$$\frac{dy}{dt} = \frac{mg}{\alpha}(e^{-\alpha t/m} - 1) \tag{4.17}$$

となる。

さて雨粒について，なぜ体に突き刺さらないか考えてみよう。このとき，雨粒が地上に到達するまでに十分な時間が経つ $(t \to \infty)$ と考えると

$$\frac{dy}{dt} = -\frac{mg}{\alpha}$$

となり，落下速度は定数となることがわかる。つまり，重力加速度によって落下速度が増すといっても，空気抵抗がある場合は上限があるのである。このような，最大の落下速度 $(v_E = \frac{mg}{\alpha})$ のことを**終端速度**という。このため，雨粒は体に突き刺さるほど落下速度を増さないのである(図 4.8)。

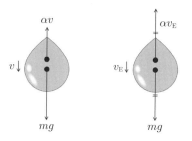

図 4.8 雨粒の運動と空気抵抗

4.4 粗い斜面上の物体の運動

摩擦のないなめらかな斜面上を運動する物体については，すでに 4.2.3 項で学んだ通りであるが，摩擦が働く粗い斜面上で物体はどのような運動をするだろうか。

図 4.9 のように，水平面から角度 θ の傾きをもつ粗い斜面上に，質量 m の物体を静かに置いた場合を考えよう。ここで，重力加速度の大きさを g，物体と斜面との間の静止摩擦係数を μ，動摩擦係数を μ' とおく。なめらかな斜面上であれば物体は問答無用で滑り始

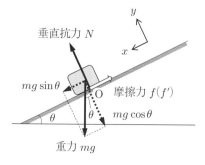

図 4.9 粗い斜面上の物体

めるが，粗い斜面上では静止摩擦力が物体に働くので，物体はそのまま静止して動かない場合が考えられる。それでは，この物体がどのような条件で動かなくなるかを，運動方程式を立てて計算してみよう。

4.2.3 項のときと同じように，斜面に沿って物体が滑る向きに x の正の軸，斜面と垂直で上向きに y の正の軸を定義する。物体が斜面上で静止しているとき，物体に働く力のベクトルは，鉛直下向きに生じる重力 mg，斜面と垂直で上向きに生じる垂直抗力 N，そして斜面に沿って上向きに生じる静止摩擦力 f の 3 つの矢印で表すことができる。しかし，例によって重力の矢印は x 方向にも y 方向 にも向かないので，重力を x, y 成分に分解するとそれぞれ，$mg\sin\theta$, $mg\cos\theta$ と書くことができる。

これらの条件で，物体の加速度ベクトルを $\vec{a} = (a_x, a_y)$ と定義すると，x 軸方向の運動方程式は

$$ma_x = mg\sin\theta - f \tag{4.18}$$

y 軸方向の運動方程式は

$$ma_y = N - mg\cos\theta \tag{4.19}$$

と書くことができる。いまは，斜面上に物体を置いた瞬間を考えよう。このとき，物体は滑り出すにしても滑り出さないにしても，一時的に静止した状態にあるので，$\vec{a} = (a_x, a_y) = (0,0)$ と書くことができる。よって，式 (4.18) と式 (4.19) は次のように簡単化できる。

$$x \text{ 方向：} \quad 0 = mg\sin\theta - f \quad \rightarrow \quad f = mg\sin\theta \tag{4.20}$$

$$y \text{ 方向：} \quad 0 = N - mg\cos\theta \quad \rightarrow \quad N = mg\cos\theta \tag{4.21}$$

ここで，式 (4.21) より垂直抗力の大きさは $N = mg\cos\theta$ となるので，物体と斜面との間の最大静止摩擦力の大きさ $f_{\max}$ は

$$f_{\max} = \mu N = \mu mg\cos\theta \tag{4.22}$$

と計算できる。いま，斜面上で物体が静止していられるためには，物体に働く静止摩擦力の大きさ f がこの最大静止摩擦力(静止摩擦力の限界値) $f_{\max}$ を超えないことが条件であり，これは $f \leqq f_{\max}$ を満たすことを意味する。式 (4.20) と式 (4.22) より，

$$f \leqq f_{\max} \quad \rightarrow \quad mg\sin\theta \leqq \mu mg\cos\theta$$
$$\rightarrow \quad \mu \geqq \frac{\sin\theta}{\cos\theta} = \tan\theta$$

となるので，物体が粗い斜面上で静止していられる条件は，斜面の傾斜角 θ と静止摩擦係数 μ が次式を満たすときである。

公式 4.5 (粗い斜面上で物体が静止する条件) ────────────

$$\tan\theta \leqq \mu$$

────────────────────────────────

次に，斜面上を物体が動き出した場合を考えよう。動き出した後の物体の加速度ベクトルを $\vec{a} = (a, 0)$ とおくと，物体には静止摩擦力ではなく動摩擦力 f' が $-x$ 方向に働くので，x 方向の物体の運動方程式は

$$ma = mg\sin\theta - f' \tag{4.23}$$

となる。また，物体に働く垂直抗力の大きさ N は，先ほどと同じく $N = mg\cos\theta$ であるので，物体に働く動摩擦力 f' は

$$f' = \mu' N = \mu' mg\cos\theta \tag{4.24}$$

と書ける。この式 (4.24) を式 (4.23) に代入すると，粗い斜面上を滑る物体の加速度 a は次式より求めることができる。

公式 4.6（粗い斜面上を滑る物体の加速度） ──────────

$$a = g(\sin\theta - \mu'\cos\theta)$$

─────────────────────────────────

章末問題 4

4.1 地面から高さ h の位置から，ボールを鉛直上方向に速さ v_0 で投げ上げる。このボールの高さを時間の関数として求めよ。ここで，重力加速度の大きさは g とする。

4.2 地上から石を速さ v_0 で，鉛直上向きに投射する。地上からこの石が到達する最高点までの高さを求めよ。ここで，重力加速度の大きさは g とする。

4.3 水平面から角度 θ の傾きをもつなめらかな斜面上に，質量 m の物体を静かに置いたところ，物体は斜面上を初速度 0 で滑り始めた。ここで，重力加速度の大きさを g とする。また，物体を置いた位置

を原点とし，斜面を滑る向きに x の正の軸をとる。

(1) 斜面に沿って滑る方向の加速度を $\frac{d^2 x(t)}{dt^2}$ として，物体の x 方向の運動方程式を求めよ。

(2) 斜面上を滑る物体の速度 $\frac{dx(t)}{dt}$ と位置 $x(t)$ を，時間の関数として求めよ。

4.4 水平面とのなす角度が $30°$ の斜面上に物体を静かに置いたところ，物体は自然に滑り始めた。物体と斜面との間の動摩擦係数が 0.20 であるとき，この物体が斜面を滑り下りる加速度の大きさを求めよ。ここで，重力加速度の大きさを 9.8 m/s^2 とし，$\sqrt{3} = 1.7$ とする。

5

円　運　動

円運動は天体の運動から車輪の回転にいたるまで，世の中のいたるところで普遍的に見られる重要な運動形態の1つである。本章では，円運動の中で最も基本的な等速円運動を取り上げる。円運動を扱うための準備として，波の数学的記述の扱い方をおさらいしたうえで，等速円運動を学んでいこう。円運動を扱ううえでポイントになるのが，円運動の加速度(向心加速度)と円運動を引き起こす力(向心力)である。円運動の速度から，向心加速度と向心力を導いていこう。

5.1　正弦波

自然界には様々な波形の波があるが，最も簡単な波はその波形がサインカーブで表される**正弦波**である。また，サインカーブは角度の位相が $90°$ ずれることでコサインカーブにもなり得るので，これは**余弦波**ともよばれる。このとき，波を伝える物質のことを**媒質**，波が起こる原因となるものを**波源**とよぶ。正弦波は，波源で起こった振動が周囲に伝播していくことで生じる。正弦波を直感的に捉えるには，図 5.1 に示すように，サインカーブが時間とともに x 軸に沿って平行移動していくようにイメージすると扱いやすい。

以下では，正弦波が時間的，空間的に伝播していく過程を，数学的に記述していこう。x 軸の正の方向に伝播していく正弦波のある瞬間の波形を，縦軸に変位 y，横軸に媒質の位置 x をとって表したものが図 5.2 である。波形の最も高いところを**波の山**，低いところを**波の谷**とよぶ。隣り合う山と山(あるいは谷と谷)の間の距離を**波長**とよび，記号 λ で表

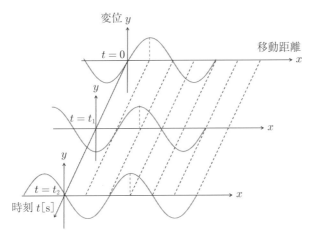

図 5.1　正弦波の伝播

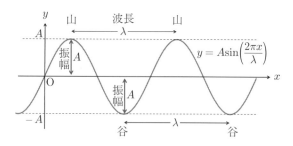

図 5.2 正弦波の変位 y と位置 x の関係

す。また，振動の中心である $y = 0$ を基準にした山，あるいは谷の変位量を**振幅**とよび，A で表す。

図 5.2 の波形を振幅 A，波長 λ，媒質の位置 x で表すと，次式のようになる（π は円周率である）。

$$y = A\sin\left(\frac{2\pi x}{\lambda}\right) = A\sin kx$$

これは，三角関数 $y = A\sin\theta$ の位相 θ の部分に $\frac{2\pi x}{\lambda}$ が代入された形をしている。この式の形は，$y = A\sin\theta$ が周期 2π の周期関数であるため，位置 x からちょうど λ だけ離れた位置 $(x \pm \lambda)$ で y が同じ値になるように，係数 $\frac{2\pi}{\lambda}$ を x にかけたものである。ここで，$k = \frac{2\pi}{\lambda}$ で定義された k のことを**波数**とよび，これは単位長さ（SI 単位系で 1 m）あたりに波長 λ の波が何個あるかを示す量である。

次に，変位を観測する媒質の位置 x をある 1 点に固定して，その位置での変位の時間 t による変化を捉えてみよう。x 軸上の位置 $x = 0$ での変位の時間変化を，縦軸に変位 y，横軸に時刻 t をとって表したグラフが図 5.3 のようになる。グラフ上で，隣り合う山と山（あるいは谷と谷）の間の時間間隔のことを**周期**とよび，T で表す。また，周期の逆数である $f = \frac{1}{T}$ のことを**振動数**，または**周波数**とよび，これは単位時間（SI 単位系で 1 s）あたりに波が何回振動するかを示す量である。振動数の単位は「1/s」，または「Hz（**ヘルツ**）」を用いる。

図 5.3 の波形を振幅 A，周期 T，時刻 t で表すと，次式のようになる。

$$y = A\sin\left(\frac{2\pi t}{T}\right) = A\sin\omega x$$

これは，三角関数 $y = A\sin\theta$ の位相 θ の部分に，$\frac{2\pi t}{T}$ が代入された形をしている。この式の形は，時間がちょうど周期 T だけ経過した瞬間 $(t + T)$ に y の値がもとの値に戻るように，時刻 t に $\frac{2\pi}{T}$ をかけたものである。ここで，$\omega = \frac{2\pi}{T}$ で定義された ω のことを**角速度**，または**角振動数**とよぶ。角速度の単位は「rad/s」を用いる。

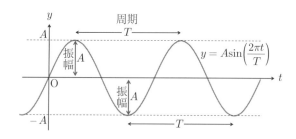

図 5.3 正弦波の変位 y と時間 t の関係

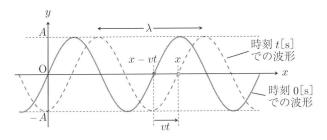

図 5.4 速さ v で x 軸の正の向きに伝播する正弦波

　以上を踏まえて，振幅 A, 波長 λ の正弦波が，速さ v で x 軸の正の方向に伝播している場合を考えよう。このとき，図 5.4 で示されているように，$t = 0$ s のときの波形を実線で，t [s] における波形を破線で示すことができる。また，この図から，時刻 t [s] において位置 x にある波の媒質の変位は，時間を t だけさかのぼった，時刻 $t = 0$ s において位置 $x - vt$ のところにある媒質の変位と同じであることがわかる。よって，時刻 t における正弦波の波形を表す式は，以下のように書くことができる。

公式 5.1（正弦波の公式 1）

$$y = A \sin\left[\frac{2\pi(x - vt)}{\lambda}\right]$$

　ここで，振動の周期を T [s] とすると，時間が T 経過する間に，正弦波は波長 λ [m] だけ x 軸方向に平行移動することになるので，正弦波の進む速さ v [m/s] は波長 λ を使って

$$v = \frac{\lambda}{T}$$

と表すことができる。よって，この関係式を使うと，正弦波の式は

$$y = A \sin\left[\frac{2\pi(x - vt)}{\lambda}\right] = A \sin\left(\frac{2\pi x}{\lambda} - \frac{2\pi v}{\lambda}t\right) = A \sin\left(\frac{2\pi x}{\lambda} - \frac{2\pi t}{T}\right)$$
$$= A \sin\left(\frac{2\pi}{\lambda}x - \frac{2\pi}{T}t\right) = A \sin(kx - \omega t)$$

のように変形することができる。

公式 5.2（正弦波の公式 2）

$$y = A \sin(kx - \omega t)$$

5.2　等速円運動

　円周上を物体(質点)が一定の速さで進む運動を，**等速円運動**とよぶ。半径が r の円周上を，質点 P が等速円運動する場合を考えよう。質点 P の速さを求めるための準備として，図 5.5 のように半径が r の扇形を考える。扇形の中心角 θ [rad] が 1 秒間に ω [rad] の一定の割合で増加する場合，すなわち扇形が広がっていくような状況を考えてほしい。このように，ω は円運動する質点が単位時間あたりに回転する中心角の増加率であり，これが円運動の場合に定義される**角速度**である。単位は正弦波の場合と同じく rad/s が用いら

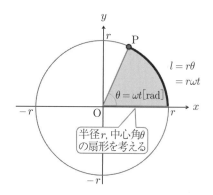

図 5.5 円運動の中心角と角速度

れる。

時刻 $t = 0$ s において中心角 θ が 0 rad であったとすると，時刻 t [s] での中心角の大き
さは

$$\theta = \omega t$$

である。また，円弧の長さ l は半径 r と中心角の弧度 θ [rad] の積なので（公式 1.3），

$$l = r\theta = r\omega t$$

が得られる。ここで，質点の速度 v は 1 秒間あたりの円弧の長さの増加率なので，$v = \frac{l}{t}$
より次の関係式が得られる。

公式 5.3（円運動の速度の公式） ───────────────────────────────

$$v = r\omega$$

───

このように，円運動する質点の速度は，角速度に半径をかけ算することで得ることがで
きる。この関係式は，円運動の加速度を求める際にも用いるので，しっかり理解して頭に
たたき込んでおいてほしい。

5.3 等速円運動の位置ベクトル ───────────────────────────

原点を中心に，半径 r の円周上を角速度 ω で等速円運動する質点 P の，位置ベクトル
を求めておこう。図 5.6 のように，時刻 t において OP と x 軸のなす角度は ωt [rad] であ
る。これより，P から x 軸に下した垂線の足の座標は $r\cos\omega t$，P から y 軸に下した垂線
の足の座標は $r\sin\omega t$ であるので，原点を基準とした P の位置ベクトルは

$$\vec{r} = (r\cos\omega t, r\sin\omega t)$$

と求められる。

したがって，等速円運動する物体の x 座標は $x = r\cos\omega t$ であり，これは振幅 r，角速
度 ω の余弦波に相当する。同様に，y 座標は $y = r\sin\omega t$ であるので，これは振幅 r，角速
度 ω の正弦波である。このように，等速円運動する物体の位置の各成分は，それぞれが正
弦波と余弦波であるとみなすことができ，その性質も共通する部分が多い。

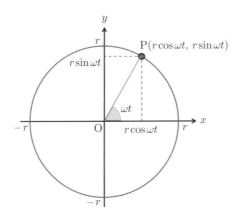

図 5.6 等速円運動する質点の位置ベクトル

等速円運動の場合，質点 P が円周上を 1 周するのにかかる時間のことを**周期**とよぶ。円周の長さ $2\pi r$ を速さ v で割れば 1 周する時間が得られるので，円運動の周期 T は次式より求めることができる。

$$T = \frac{2\pi r}{v} = \frac{2\pi r}{r\omega} = \frac{2\pi}{\omega}$$

また，単位時間あたりに質点 P が円周を回る回数を**回転数**とよび，周期 T の逆数で与えられる。

$$f = \frac{1}{T}$$

すなわち，回転数 f は円運動する質点の位置を正弦波（または余弦波）とみなしたときの振動数（周波数）に相当する量であり，その単位も「1/s」，または「Hz（**ヘルツ**）」を用いる。

例 5.1 等速円運動する質点の角速度 ω を，周期 T および回転数 f を用いて表せ。ここで，円周率は π とする。

[**解**] 1 周 2π [rad] を回転するのにかかる時間が周期 T であるので，角速度 ω を周期 T で表すと，

$$\omega = \frac{2\pi}{T}$$

また，回転数 f と周期 T の関係は $f = \frac{1}{T}$ であるので，角速度 ω は回転数 f を用いて次のように書ける。

$$\omega = \frac{2\pi}{T} = 2\pi \frac{1}{T} = \underline{2\pi f}$$

例 5.2 回転数が 10 Hz である円運動の周期 T を求めよ。

[**解**] 周期 T は回転数 f の逆数であるので，

$$T = \frac{1}{f} = \frac{1}{10} = \underline{0.10 \text{ s}}$$

例 5.3 半径 5.0 m の円周上を周期 $T = 4.0$ s で等速円運動する物体を考える。ここで，円周率は π とする。
(1) 物体の回転数 f を求めよ。
(2) 物体の角速度 ω を求めよ。
(3) 物体の速さ v を求めよ。

[解] (1) 回転数 f は周期 T の逆数であるので，

$$f = \frac{1}{T} = \frac{1}{4.0} = \underline{0.25 \text{ Hz}}$$

(2) 角速度 ω は $\omega = 2\pi f$ の関係式から，

$$\omega = 2\pi f = 2\pi \times 0.25 = \underline{0.50\pi \text{ [rad/s]}}$$

(3) 速さ v は $v = r\omega$ の関係式から，

$$v = r\omega = 5.0 \times 0.50\pi = \underline{2.5\pi \text{ [m/s]}}$$

5.4 円運動の速度ベクトルと加速度ベクトル

円運動の速さをもとに，円運動の速度ベクトルを求めよう。図 5.7(a) のように，原点を中心に半径 r で円運動する質点 P を考える。P は円周上を運動しているので，P の速度ベクトル $\vec{v}$ は図 5.7(a) で示されているように，大きさが $v = r\omega$ で P における円の接線方向，すなわち OP と垂直な方向を向くベクトルである。OP と x 軸のなす角度は ωt であるが，P を通って y 軸に平行な補助線を引くと，速度ベクトルの矢印と補助線がなす角度も ωt となる。

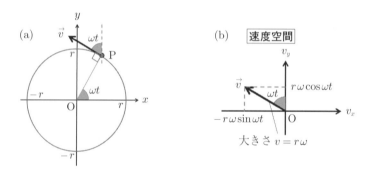

図 5.7 円運動の速度ベクトルと成分

ここで，図 5.7(b) のように，横軸に速度の x 成分 v_x，縦軸に速度の y 成分 v_y をとる空間（速度空間）を考えて，図 5.7(a) の速度ベクトル $\vec{v}$ の矢印を原点から描いてみる。速度ベクトルの矢印と縦軸のなす角度は ωt であるので，x 成分は $v_x = -r\omega \sin \omega t$，$y$ 成分は $v_y = r\omega \cos \omega t$ となることがわかる。よって，円運動の速度ベクトル $\vec{v}$ は，次式のように求められる。

$$\vec{v} = (v_x, v_y) = (-r\omega \sin \omega t, r\omega \cos \omega t)$$

質点 P が半径 r の円周上を回転すると，速度ベクトル $\vec{v}$ の向きも回転する。このことを，図 5.8(a) を見ながら確認していこう。質点 P が第 1 象限の点 P_1 にあるとき，速度ベクトルは左上向きの $\vec{v_1}$ である。質点 P が $90°$ 回転して第 2 象限の点 P_2 に移動すると，速度ベクトルも $90°$ 回転して左下向きの $\vec{v_2}$ となる。さらに，P が $90°$ ずつ回転して第 3 象限の点 P_3，第 4 象限の点 P_4 へ移動すると，速度ベクトルも $90°$ ずつ回転して右下向きの $\vec{v_3}$，右上向きの $\vec{v_4}$ へと方向が変化する。さらに，P が $90°$ 回転して点 P_1 に戻ると，速度ベクトルも $90°$ 回転して $\vec{v_1}$ に戻る。図 5.8(b) に示すように，速度空間の原点から $\vec{v_1}$ から $\vec{v_4}$ までの 4 つの矢印を描いてみよう。質点 P が円周上を 1 回転すると，速度ベクトルの先端 V も半径 $r\omega$ の円周上を 1 回転することがわかるであろう。このように，質点 P が

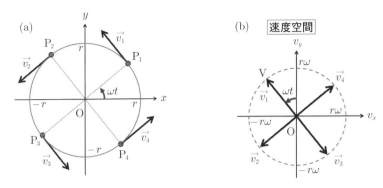

図 5.8　回転運動における速度ベクトルの先端の動き

半径 r の円周上を角速度 ω で回転すると，速度ベクトル $\vec{v}$ の先端 V は半径 $r\omega$ の円周上を角速度 ω で回転することが導かれる。

次に，円運動の加速度を求めよう。円運動の加速度は，図 5.8(b) で速度ベクトルの先端 V が回転する速度として求めることができる。すなわち，先端 V は半径 $r\omega$ の円周上を角速度 ω で運動しているので，質点 P の加速度の大きさ a は次のように計算できる。

$$(加速度の大きさ\ a) = (V\ の速さ) = (半径\ r\omega) \times (角速度\ \omega) = r\omega^2$$

また，加速度ベクトルの方向は図 5.8(b) において，$\vec{v_1}$ から $\vec{v_4}$ をそれぞれ反時計回りに 90° 傾けた角度となり，これは質点から円の中心に向かう方向に一致する。

実際に，加速度ベクトル $\vec{a}$ は位置ベクトル $\vec{r}$ を逆方向(すなわち円の中心に向かう方向)にして，ω^2 倍したベクトルになることを証明しよう。図 5.9(a) で示されているように，半径 $r\omega$ の円周上において，速度ベクトルの先端 V を通って横軸に平行な補助線を引き，加速度ベクトル $\vec{a}$ となす角を考えよう。ここで，速度ベクトル $\vec{v}$ と縦軸のなす角は ωt である。加速度ベクトル $\vec{a}$ と速度ベクトル $\vec{v}$ は直交しており，縦軸と V を通る補助線も直交しているので，補助線と加速度ベクトル $\vec{a}$ がなす角度も ωt となることは，図より明らかであろう。図 5.9(b) のように，横軸に加速度の x 成分 a_x，縦軸に加速度の y 成分 a_y をとる空間(加速度空間)を考えて，図 5.9(a) の加速度ベクトル $\vec{a}$ の矢印を原点から描いてみる。加速度ベクトル $\vec{a}$ の矢印と横軸のマイナス方向($-a_x$ 軸方向)とのなす角は ωt であり，加速度ベクトルの大きさが $r\omega^2$ であるので，加速度ベクトル $\vec{a}$ の a_x 軸方向，a_y 軸方向の成分はそれぞれ，$-r\omega^2 \cos\omega t$，$-r\omega^2 \sin\omega t$ となる。よって，$\vec{a}$ は

$$\vec{a} = (-r\omega^2 \cos\omega t, -r\omega^2 \sin\omega t) = -\omega^2(r\cos\omega t, r\sin\omega t) = -\omega^2\vec{r}$$

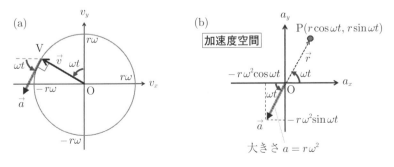

図 5.9　回転運動の位置・速度・加速度ベクトルの関係

と変形できるので，加速度ベクトル $\vec{a}$ は位置ベクトル $\vec{r} = (r\cos\omega t, r\sin\omega t)$ と逆方向で，大きさが ω^2 倍であることがわかる。図 5.9(b) に，加速度空間において質点 P の加速度ベクトル $\vec{a}$ と位置ベクトル $\vec{r}$ を同時に示した。加速度ベクトル $\vec{a}$ の方向が位置ベクトル $\vec{r}$ と，確かに逆向きであることがわかる。このように，円運動する物体の加速度ベクトルは円運動の中心方向を向いているので，**向心加速度**とよばれる。

公式 5.4（円運動の向心加速度の公式） ─────────────────

$$\vec{a} = -\omega^2 \vec{r}$$

───────────────────────────────────────

ここまで円運動の速度ベクトルと加速度ベクトルを幾何学的に求めてきたが，三角関数の微分を用いればもっと簡単に求めることができる。位置ベクトルは $\vec{r} = (r\cos\omega t, r\sin\omega t)$ で与えられるので，これを時刻 t で微分すると速度ベクトル $\vec{v}$ が得られる。

$$\vec{v} = (v_x, v_y) = \left(\frac{dx}{dt}, \frac{dy}{dt}\right) = \left(r\frac{d\cos\omega t}{dt}, r\frac{d\sin\omega t}{dt}\right) = (-r\omega\sin\omega t, r\omega\cos\omega t)$$

また，速さ v は速度ベクトル $\vec{v}$ の大きさを求めればよいので，

$$v = |\vec{v}| = \sqrt{(-r\omega\sin\omega t)^2 + (-r\omega\cos\omega t)^2} = \sqrt{r^2\omega^2\sin^2\omega t + r^2\omega^2\cos^2\omega t}$$
$$= \sqrt{r^2\omega^2(\sin^2\omega t + \cos^2\omega t)} = \sqrt{r^2\omega^2} = r\omega$$

となる。ここで，三角関数の公式 $\sin^2\theta + \cos^2\theta = 1$ を用いたことに注意する。このように，すでに導いた速さの公式 $v = r\omega$ が導かれた。

同様に，加速度ベクトル $\vec{a}$ は，速度ベクトル $\vec{v} = (-r\omega\sin\omega t, r\omega\cos\omega t)$ を時刻 t で微分すればよい。

$$\vec{a} = \left(\frac{dv_x}{dt}, \frac{dv_y}{dt}\right) = \left(-r\omega\frac{d\sin\omega t}{dt}, r\omega\frac{d\cos\omega t}{dt}\right)$$
$$= (-r\omega^2\cos\omega t, -r\omega^2\sin\omega t) = -\omega^2(r\cos\omega t, r\sin\omega t) = -\omega^2\vec{r}$$

このように，向心加速度の公式 $\vec{a} = -\omega^2\vec{r}$ を得ることができる。また，加速度の大きさ a は加速度ベクトル $\vec{a}$ の大きさを求めればよいので，次のように求まる。

$$a = |\vec{a}| = \sqrt{(-r\omega^2\cos\omega t)^2 + (-r\omega^2\sin\omega t)^2} = \sqrt{r^2\omega^4\cos^2\omega t + r^2\omega^4\sin^2\omega t}$$
$$= \sqrt{r^2\omega^4(\sin^2\omega t + \cos^2\omega t)} = \sqrt{r^2\omega^4} = r\omega^2$$

5.5 等速円運動の運動方程式 ──────────────────────

質量 m の物体が半径 r の円周上を，角速度 ω で等速円運動するときの運動方程式を求めよう。物体に働く力の大きさを F とすると，運動方程式は

$$ma = F$$

と書ける。いま，等速円運動する物体の加速度の大きさ a は，$a = r\omega^2$ と書けるので，円運動の運動方程式は，

$$ma = mr\omega^2$$

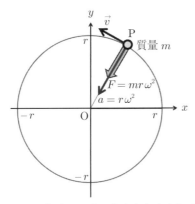

図 5.10 等速円運動の向心力と向心加速度

と書ける。すなわち，円運動する物体は図 5.10 で示されているように，加速度の方向と同じく円の中心方向を向く大きさ $F = mr\omega^2$ の力を受けており，この力を**向心力**とよぶ。円運動する物体には，加速度も力も円の中心方向に働くと覚えよう。また，速度と角速度の関係式 $v = r\omega$ を変形した $\omega = \frac{v}{r}$ を向心力 F の式に代入すると，F は次式でも書くことができる。

$$F = mr\omega^2 = mr \times \left(\frac{v}{r}\right)^2 = m\frac{v^2}{r}$$

公式 5.5（向心力の大きさの公式） ──────────────

$$F = mr\omega^2 = m\frac{v^2}{r}$$

──────────────────────────────

例 5.4 図のように，質量 $m = 0.100\text{ kg}$ の小球を長さ $r = 0.50\text{ m}$ の伸びない糸の先に取り付けて，周期 $T = 0.50\text{ s}$ で水平面内で回転させた。円周率を π として，以下の問いに答えよ。

(1) 回転数 f を求めよ。

(2) 角速度 ω を求めよ。

(3) 速さ v を求めよ。

(4) 加速度の大きさ a を求めよ。

(5) 糸の張力の大きさ F を求めよ。

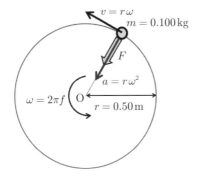

[**解**] (1) $f = \frac{1}{T} = \frac{1}{0.50} = \underline{2.0\ \text{Hz}}$

(2) (1) の結果から，小球は 1 秒間に $f = 2.0$ 回回転するので，

$$\omega = 2\pi f = 2\pi \times 2.0 = \underline{4.0\pi\ [\text{rad/s}]}$$

(3) $v = r\omega = 0.50 \times 4.0\pi = \underline{2.0\pi\ [\text{m/s}]}$

(4) $a = r\omega^2 = 0.50 \times (4.0\pi)^2 = \underline{8.0\pi^2\ [\text{m/s}^2]}$

(5) 糸の張力の大きさ F は円運動の向心力の大きさに等しいので，運動方程式より次のように求まる。

$$F = mr\omega^2 = 0.100 \times 8.0\pi^2 = \underline{0.8\pi^2\ [\text{N}]}$$

● 遠心力

ある点 O を中心に，等速円運動する自動車を考えよう。自動車の外から自動車の運動を観測すると，すでに学んだように等速円運動する自動車には常に，ある一定の大きさ F の向心力が中心 O に向かって生じている。しかし，自動車の中に乗っている人の視点では，中の人は中心 O から遠ざかる向き，すなわち円の外に押し出されるような力を感じるだろう。このような現象が起こるのはなぜだろうか。

等速円運動する自動車の中の視点で自動車を観測すると，自動車そのものは静止しているように見える。しかし，現実の自動車には大きさ $r\omega^2$ の向心加速度が中心 O に向かって生じているので，自動車の中から見た自動車の空間は，非慣性系である。したがって，自動車の中では，向心力と同じ大きさ ($mr\omega^2$) の外向きの力が見かけ上の力（慣性力）となって自動車の中の人に働き，人は円の外に押し出されそうな力を感じるのである。この慣性力のことを**遠心力**とよぶ。

章末問題 5

5.1 半径 r，角速度 ω の円運動を行う物体がある。この物体の位置ベクトル $\vec{r}$ が次のような時刻 t の関数で与えられる場合に，以下の問いに答えよ。ここで，α は任意の定数である。

$$\vec{r} = (r\cos(\omega t + \alpha),\ r\sin(\omega t + \alpha))$$

(1) 速度ベクトル $\vec{v}$ を求めよ。

(2) 速さ v を求めよ。

(3) 加速度ベクトル $\vec{a}$ を求めよ。

(4) 加速度の大きさ a を求めよ。

5.2 ある正弦波を表す式が，以下のように与えられている。位置 x [m]，時刻 t [s] における変位を y [m] とし，円周率を π とする。

$$y = 0.8\sin\left(\frac{\pi}{10}x - \frac{\pi}{4}t\right)$$

(1) 波の振幅を求めよ。

(2) 波長 λ と周期 T を求めよ。

(3) 波の伝播速度の大きさ v を求めよ。

5.3 質量 m [kg] のおもりを自然長 $3l$ [m] のつるまきばねの先に取り付けて，角速度 ω [rad/s] で水平面内で等速円運動させたところ，ばねの長さが $4l$ [m] になった。このとき，以下の問いに答えよ。

(1) おもりの加速度の大きさ a [m/s^2] を求めよ。

(2) このときのおもりが受けている向心力の大きさ F [N] を求めよ。

(3) つるまきばねのばね定数 k [N/m] を求めよ。

コラム：遊星ボールミル

　円運動の応用として，遊星ボールミルという装置があるのをご存じだろうか。この遊星ボールミルは，いろいろな材料を細かく粉砕してすりつぶす装置で，様々な材料開発の現場で用いられているものである。

　動作の仕組みは，遊園地にあるコーヒーカップのアトラクションと同じである。ミルポットとよばれる円筒状の容器がターンテーブルの上に取り付けられた構造をしており，ターンテーブルが回転（公転運動）すると同時にターンテーブル上のミルポットも逆方向に自転運動を行う。

　ミルポットの中に，粉砕したい材料とセラミックやジルコニアなどでできたすりつぶすためのボールを入れて高速に回転させると，ボールとミルポットの間で衝突が起こって材料が粉砕される。さらに自転・公転を逆方向に行うことで，材料がボールとミルポットの間ですりつぶされて非常にきれいな粉末をつくることができる（「遊星」ボールミルという装置名はミルポットが自転運動と公転運動の両方を行うことに由来している）。自転運動と公転運動の速度比を細かく調節することで，仕上がりの粉末の粒径をナノスケールで制御できるのが特徴である。材料と一緒に封入するボールの直径や回転速度の設定は経験がものをいうため，各研究現場でノウハウとして蓄積されている。

　導電性材料の試作から化粧品やボールペンのインクの顔料の開発まで，全国の研究開発の現場で，いまや不可欠の装置となっている。値段は 200 万円から 1000 万円を超える機種など様々である。

6 様々な振動現象

日常生活においては直線運動や円運動だけでなく，ばねやゴムによって上下左右に揺れる物体や，糸などで吊るされた物体が左右に揺れる現象を目の当たりにする。これらはいずれも振動現象であり，これまで学んだ物理法則から理解することができる。本章では，振動現象の中でも最も典型的な単振動から始めて，減衰振動，強制振動とよばれる振動現象を学び，最後に単振り子とよばれる振り子の現象について学ぼう。

6.1 単振動

図 6.1 のように，ばねの左端を壁に固定し，右端をおもりに取り付けてなめらかで水平な床に置く。このとき，ばねの伸び縮みがない（自然の長さの）状態のおもりの位置を原点として，右向きに x の正の軸を考える。

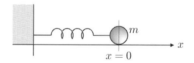

図 6.1　ばねに取り付けられた物体

次に，ばねを右に伸ばしたり，左にばねを縮める場合を考える。フックの法則より，おもりは次式のようなばねの弾性力 F を受ける。

$$F = -kx$$

ここで，k はばね定数である。注意すべきは，ばねを縮めた場合も同じ式を使う点である。縮んでいるときは $x < 0$ であるので，$F > 0$ となって右向きに力が働いていることになり，この式が同様に成り立つことがわかる。つまり，ばねに働く弾性力は常に，物体を原点に戻す方向に働く。

図 6.2 のように，ばねを単に伸び縮みさせるだけでなく，ばねを伸ばした（縮ませた）状態から物体を放して，おもりを左右に振動させる場合を考えよう。摩擦がなければ原理的には，おもりは左右に振れ幅を保ったまま振動を続ける。この単純な振動運動のことを，**単振動**という。ばねが伸びているときも縮んでいるときも，おもりに働くばねの弾性力は $F = -kx$ で書けるので，単振動するおもりに成り立つ運動方程式は，おもりの質量を m として以下のように表される。

$$m\frac{d^2x}{dt^2} = -kx$$

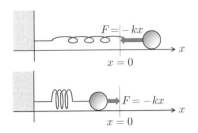

図 6.2 ばねによるおもりの単振動

この式を少し変形しよう。両辺を m で割り，$\omega = \sqrt{\frac{k}{m}}$ となる ω を定義すると，

$$\frac{d^2x}{dt^2} = -\frac{k}{m}x \quad \rightarrow \quad \frac{d^2x}{dt^2} = -\omega^2 x \tag{6.1}$$

となる。ここで，ばね定数 k とおもりの質量 m はともに正であるので，ω が負の場合は考えなくともよい。この ω は単振動における**角振動数**とよばれる。

公式 6.1（単振動の角振動数） ─────────────────

$$\omega = \sqrt{\frac{k}{m}}$$

────────────────────────────────

運動方程式 (6.1) は，11.3 節で説明しているような 2 階の微分方程式に含まれる形をしている。したがって，11.3 節で説明している手順で一般解を求めることができるが，単振動の運動方程式はあらゆる場面で現れるため，一般解を暗記しておくことをお勧めする。あらゆるという意味は，力学だけではなく量子力学におけるシュレディンガー方程式や，電磁気学における振動回路など，分野を問わず多岐に渡ってという意味である。

この微分方程式 (6.1) に対する一般解は，以下のようになる*。

$$x(t) = A\sin\omega t + B\cos\omega t \tag{6.2}$$

すなわち，単振動とは物体の位置が，サイン（$\sin\omega t$），またはコサイン（$\cos\omega t$）の関数で振動する現象である。

ここで，A と B は初期条件によって決まる定数であるが，式 (6.2) は別の方法で定義された 2 つの定数 A と δ を用いて，次のように書き直すこともできる。

$$x(t) = A\sin(\omega t + \delta) \tag{6.3}$$

これはまさに 5.1 節で学んだ正弦波（または余弦波）の式であり，単振動する物体の変位は正弦波と同じ式に従うことを示している。したがって，式 (6.3) の A を，単振動の**振幅**とよぶ。

式 (6.2) の解が式 (6.1) を満たすかどうかについて確認しよう。式 (6.2) の両辺を時間 t について微分すると，

$$\frac{dx(t)}{dt} = A\omega\cos\omega t - B\omega\sin\omega t$$

となる。この方程式をさらにもう 1 度，両辺を時間 t について微分すると，

────────────────────────────────

* 11 章の例 11.3 (2) の結果で，$\sqrt{b} \rightarrow \omega$，$A', B' \rightarrow A, B$ とすればよい。

$$\frac{d^2x(t)}{dt^2} = -A\omega^2 \sin\omega t - B\omega^2 \cos\omega t$$
$$= -\omega^2(A\sin\omega t + B\cos\omega t) = -\omega^2 x$$

となるので，少なくとも式 (6.2) が式 (6.1) の方程式を満たす解となっていることがわかる。

ここで，単振動を 1 回行うのにかかる時間(おもりが左右に 1 往復するのにかかる時間)のことを，単振動の**周期**とよぶ。この周期を T とおくと，質量 m のおもりがばね定数 k のばねで単振動するとき，周期 T は次式より求めることができる。

公式 6.2（単振動の周期）

$$T = \frac{2\pi}{\omega} = 2\pi\sqrt{\frac{m}{k}}$$

この式が単振動の周期 T として正しいなら，単振動の運動方程式の一般解である式 (6.2) が，時刻 t と $t+T$ で同じ式の形を示すはずである。これを確かめるために，式 (6.2) の時刻 t を $t+T$ として計算してみよう。

$$x(t+T) = A\sin\omega(t+T) + B\cos\omega(t+T) = A\sin\omega\left(t+\frac{2\pi}{\omega}\right) + B\cos\omega\left(t+\frac{2\pi}{\omega}\right)$$
$$= A\sin(\omega t + 2\pi) + B\cos(\omega t + 2\pi) = A\sin\omega t + B\cos\omega t = x(t)$$

このように，$x(t+T) = x(t)$ が成り立つので，式 (6.2) は時間 T 後にもとの位置に戻ることがわかる。よって，式 (6.2) は確かに単振動の周期であることが確認できる。

また，単振動で単位時間(1 s)あたりに振動する回数のことを，単振動の**振動数**とよぶ（単位は 1/s，または Hz である）。振動数 f を導くのは簡単である。すなわち，振動 1 回でかかる時間が周期 T [s] であるのに対し，振動 f 回でかかる時間が 1 s であるので，

$$かかる時間 = T \quad \rightarrow \quad 振動の回数 = 1$$
$$かかる時間 = 1 \quad \rightarrow \quad 振動の回数 = f$$

と書くことができる。この 2 つを見比べると，単振動の振動数は $f = \frac{1}{T}$ より求められることがわかる。また，単振動の周期 T は角振動数 ω を用いて，$T = \frac{2\pi}{\omega}$ を満たすので，振動数 f もやはり角振動数を使って表すことができる。

公式 6.3（単振動の振動数）

$$f = \frac{1}{T} = \frac{\omega}{2\pi}$$

例 6.1　ばねの先に取り付けられた質量 m のおもりが，なめらかな水平面上で単振動している。ばね定数は k であり，x 軸上に沿って運動するおもりの振動の中心は原点であるとする。

(1)　時刻 $t=0$ のときのおもりの初期位置が $x(0) = x_0$，初速度が $\frac{dx(0)}{dt} = 0$ であるとき，時刻 t での位置 $x(t)$ を求めよ。

(2)　この単振動の周期を求めよ。

[解] (1) おもりの単振動の運動方程式は $m\frac{d^2x(t)}{dt^2} = -kx(t)$ であり，その一般解は

$$x(t) = A\sin\omega t + B\cos\omega t$$

である。また，角振動数は $\omega = \sqrt{\frac{k}{m}}$ である。ここで，$x(0) = x_0$ という初期条件から，上記の一般解の式に $t = 0$ を代入すると，

$$x(0) = A\sin(\omega \cdot 0) + B\cos(\omega \cdot 0) = A\sin 0 + B\cos 0 = B \times 1 = B$$

となるので，$B = x(0) = x_0$ となるのがわかる。

さらに，もう1つの初期条件である $\frac{dx(0)}{dt} = 0$ より，上記の一般解の式を時刻 t で微分した式

$$\frac{dx(t)}{dt} = A\omega\cos\omega t - B\omega\sin\omega t$$

に $t = 0$ を代入すると，

$$\frac{dx(0)}{dt} = A\omega\cos(\omega \cdot 0) - B\omega\sin(\omega \cdot 0) = A\omega\cos 0 - B\omega\sin 0 = A\omega \times 1 = A\omega$$

となるので，$A\omega = \frac{dx(0)}{dt} = 0$ より，$A = 0$ であることがわかる。

よって，時刻 t での位置 $x(t)$ は，一般解の式に $A = 0$ と $B = x_0$ を代入して，次式のように求まる。

$$x(t) = \underline{x_0\cos\omega t}$$

(2) 角振動数が $\omega = \sqrt{\frac{k}{m}}$ であることを用いると，単振動の周期 T は次式のようになる。

$$T = \frac{2\pi}{\omega} = \underline{2\pi\sqrt{\frac{m}{k}}}$$

6.2 減衰振動

　前節では，ばねを取り付けたおもりと水平面との間に，摩擦力が働かない場合の振動を考えた。これはあくまでも教科書の中だけの理想的な状況なわけで，実際には摩擦やさらには空気抵抗などが働くために，徐々に振動の振れ幅は減衰していく。このような振動を**減衰振動**とよぶ。ここでは発展的な内容として，図 6.2 の床面とおもりの間に摩擦力が働き，ばねに取り付けられた物体が減衰振動する場合を考えよう。

　摩擦力は，常に動いている方向を妨げる方向に働く。このため，減衰振動する物体に成り立つ運動方程式は，角振動数 ω を用いて，

$$\frac{d^2x}{dt^2} = -\omega^2 x - \alpha\frac{dx}{dt}$$

と表してよいであろう。$\alpha(>0)$ は，床やおもりの材質や形状によって決まる，摩擦力を特徴づける量（比例定数）である。α の前についた負符号は，動いている方向と逆向きに摩擦力が働くことを意味している。また，空気抵抗なども同じように考えられるが，ここでは考えないことにする。

　上記の運動方程式を変形して

$$\frac{d^2x}{dt^2} + \alpha\frac{dx}{dt} + \omega^2 x = 0$$

とすれば，この運動方程式は 11.3 節で説明している，2 階の微分方程式の右辺が 0 の場合に一致していることがわかる。つまり，$x = e^{\lambda t}$ を代入することで，特性方程式

$$\lambda^2 + \alpha\lambda + \omega^2 = 0$$

から一般解を得ることができる。例えば，特性方程式の解が重解でない場合は

$$x = Ae^{\lambda_1 t} + Be^{\lambda_2 t}$$

となる。ここで，

$$\lambda_1 = \frac{-\alpha + \sqrt{\alpha^2 - 4\omega^2}}{2}, \qquad \lambda_2 = \frac{-\alpha - \sqrt{\alpha^2 - 4\omega^2}}{2}$$

となることがわかる。

この場合，摩擦力を特徴づける定数である α が $\alpha < 2\omega$ を満たす場合に，おもりは減衰振動を行う*。この場合の特性方程式の一般解は，次式のようになる（章末問題 11.3 の (2) を参照）。

$$x(t) = e^{-\frac{\alpha}{2}t}\left(C \cos\sqrt{4\omega^2 - \alpha^2}\,t + D \sin\sqrt{4\omega^2 - \alpha^2}\,t\right)$$

上式で，C と D は任意の定数である。すなわち，この式はコサイン，またはサインの関数で振動する単振動の振れ幅が，$e^{-\frac{\alpha}{2}t}$ により指数関数的に減衰することを示している。

6.3 強 制 振 動

前節では振動とともに振れ幅が減少する減衰振動について学んだが，振動とともに振幅が増していくような現象はあるであろうか？ 一番わかりやすい例は，ブランコであろう。ブランコの振幅を増やすためには，どのように力を加えるべきか想像してほしい。ブランコを揺らすためには，進んでいる方向に勢いがつくように力を加えるだろう。このように，外力によって強制的に引き起こされる振動を，**強制振動**とよぶ。ブランコは円周上を振動する 2 次元的な運動であるが，ここでは簡単のため 1 次元（位置の変数が x のみ）の場合の強制振動として考えよう。また，摩擦力や空気抵抗も考えないことにする。

物体を強制振動させるためには，物体に加える外力もまた周期的に向きと大きさを変える力でなければならない。この力 F を角振動数 ω' で変化する力として，$F = f\cos\omega' t$ であると仮定しよう。このとき，強制振動する物体の運動方程式は，

$$\frac{d^2 x}{dt^2} = -\omega^2 x + \frac{f}{m}\cos\omega' t$$

と表される。ここで，物体が角振動数 ω' で振動させられたとして，x に単振動の関数である $A\cos\omega' t$ を代入すると，

$$-\omega'^2 A \cos\omega' t = -\omega^2 A \cos\omega' t + \frac{f}{m}\cos\omega' t$$

$$\rightarrow \quad (\omega^2 - \omega'^2)A = \frac{f}{m} \quad \rightarrow \quad A = \frac{f}{m(\omega^2 - \omega'^2)}$$

となり，運動方程式の特殊解として，

$$x = \frac{f}{m(\omega^2 - \omega'^2)}\cos\omega' t \tag{6.4}$$

を得ることができる。

---

* α が十分に大きいと摩擦力が強くなりすぎて，振動すら行わない解が得られる。

式 (6.4) はあくまで，強制振動させられた物体の角振動数が ω' である場合の特殊解であるが，その振れ幅 A が $A = \frac{f}{m(\omega^2 - \omega'^2)}$ を満たすことから，外力 F の角振動数 ω' が ω に近い場合に，その振動の振れ幅が増大することを示している。このように，外力が特別な周期性をもつときに強制振動の振れ幅が増大する現象のことを，**共振**とよぶ。

6.4 単振り子

図 6.3 のように，天井に長さ l の糸をつけ，もう一方の糸の端点におもりをつけて揺らすことを考える。このとき，振れ角 θ は十分に小さいものとし，空気抵抗は考えないものとする。このように，1 個の物体が円弧上を最下点を中心に振動する振り子の現象を，**単振り子**とよぶ。

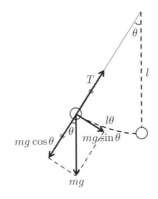

図 6.3 単振り子

おもりの最下点を原点として，おもりが原点から離れる向きに x の正の軸，おもりから円の中心に向かう向きに y の正の軸を定義しよう。おもりの質量を m，重力加速度の大きさを g とおくと，おもりに働く重力 mg は鉛直下向きであり，一般に x，y 軸のいずれの方向にも向かないので，図 6.3 のように，重力を x 軸方向と y 軸方向に分解する。このとき，重力 mg の x 成分の大きさは $mg \sin\theta$，y 成分の大きさは $mg \cos\theta$ であることがわかる。

いま，おもりの加速度ベクトルを $\vec{a}$ とおくと，おもりが y 軸方向に運動することはないので，$\vec{a} = (a, 0)$ と書くことができる。したがって，糸の張力の大きさを T とおくと，y 軸方向の運動方程式から，

$$0 = T - mg\cos\theta \quad \rightarrow \quad T = mg\cos\theta$$

が得られるので，糸の張力の大きさは $T = mg\cos\theta$ より求められる。

また，x 軸方向の運動方程式は，

$$m\frac{d^2x}{dt^2} = -mg\sin\theta \tag{6.5}$$

となり，x は最下点から円弧に沿って物体が移動したおもりの経路なので，x は

$$x = l\theta$$

と表される。ここで，θ は十分に小さく $\sin\theta \fallingdotseq \theta$ と近似できるので（章末問題 11.1 の (1) を参照），以上のことからこの振り子の運動を表す運動方程式は，

$$m\frac{d^2(l\theta)}{dt^2} = -mg\sin\theta \quad \rightarrow \quad \frac{d^2\theta}{dt^2} = -\frac{g}{l}\theta \tag{6.6}$$

となる。

この式は式 (6.1) と同じ形をしていることは明らかであるので，単振り子の振れ角が小さいときの運動は単振動とみなせることがわかる。式 (6.6) で $\omega = \sqrt{\frac{g}{l}}$ を定義すると，この ω が単振り子の場合の角振動数に相当するので，単振り子の周期 T は次式より求められることがわかる。

公式 6.4（単振り子の周期）

$$T = 2\pi\sqrt{\frac{l}{g}}$$

このように，地球上にいる限り重力加速度の大きさ g はほぼ一定なので，単振り子の周期はほとんど糸の長さ l にのみ依存する。

例 6.2 長さ 1.0 m の糸の一端を天井につけて，他端に質量 0.10 kg の物体を取り付け，鉛直方向からの糸の振れ角が θ となる位置から物体を静かに放し，面内で物体を単振動させた。重力加速度の大きさを 9.8 m/s^2 として，以下の問いに答えよ。ただし，円周率は π とする。

(1) 糸の振れ角が $\theta = 30°$ であるとき，糸の張力の大きさを求めよ。

(2) 糸の振れ角 θ が十分小さいとき，揺れる物体の周期を求めよ。

[解] (1) 糸の張力 T [N] は，次のように求まる。

$$T = mg\cos 30° = 0.10 \times 9.8 \times \frac{\sqrt{3}}{2} = \underline{0.49\sqrt{3}\ \text{N}}$$

(2) 物体の単振動の周期 T [s] は，次のように求まる。

$$T = 2\pi\sqrt{\frac{l}{g}} = 2\pi\sqrt{\frac{1.0}{9.8}} = 2\pi \times \frac{\sqrt{5}}{7} = \underline{\frac{2\sqrt{5}}{7}\pi\ \text{[s]}}$$

章末問題 6

6.1 ばねの先に取り付けられたおもりが，水平な床面上に沿う x 軸上で単振動している。ここで，単振動の角振動数は ω であり，振動の中心は原点であるとする。このとき，次の (1)，(2) のそれぞれの条件における時刻 t での位置 $x(t)$ を求めよ。

(1) $x(0) = 0$, $\frac{dx(0)}{dt} = v_0$

(2) $x(0) = x_0$, $\frac{dx(0)}{dt} = v_0$

6.2 前問の (1)，(2) の初期条件から導いた単振動におけるおもりの位置 $x(t)$ は，同じ周期と振動数をもっている。これらの単振動の周期を求めよ。

6.3 図のように，長さ l [m] の糸に質量 m [kg] のおもりを取り付けて，円錐振り子をつくったところ，糸は鉛直と θ の角度をなして同一水平面上を等速円運動した。このとき，糸の張力の大きさ S [N] と円運動の角速度 ω [rad/s] を求めよ。ただし，重力加速度の大きさは g [m/s^2] とする。

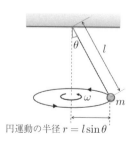

円運動の半径 $r = l\sin\theta$

7 力学的エネルギー

　物理で最も重要な概念は，「力」と「エネルギー」である。これまではおもに，「力」の性質について述べてきたが，本章ではもう1つの重要な概念である「エネルギー」について説明する。エネルギーを学ぶために，はじめに「仕事」という物理量について理解しよう。そして，最終的には力学の中で最も重要な基本法則の1つである，力学的エネルギー保存則について学ぼう。

7.1　仕　事

　エネルギーについて説明する前に，エネルギーとは切っても切れない関係にある**仕事**について述べる。「仕事」という言葉は，日常でも多く使われているありふれた言葉であるが，物理における「仕事」とは明確に定義できて，数値で表すことができる物理量である。

　物体に力が働いたとき，**その力によって物体の位置が変化したならば，その力は物体に仕事をしたという**。正確には，一定の力 $\vec{F}$ を加えて物体の位置が $\vec{r}$ だけ変化したとき，力が物体にした仕事 W は次式より求めることができる（図7.1）。

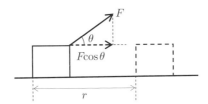

図7.1　物体に加えた力と物体の移動

公式7.1（一定の力が物体にする仕事）

$$W = \vec{F} \cdot \vec{r} = Fr\cos\theta$$

　ここで，θ は物体に与えた力 $\vec{F}$ の向きと，物体が移動する $\vec{r}$ の向きとの間の角度である。すなわち，仕事とは物体に与えた力のベクトルと，物体の変位ベクトルの内積から求まる。これは，物体の移動方向の力の成分である $F\cos\theta$（分力）に，物体の移動量（変位 r）をかけた値であることを意味する。物体に与えた力の向きと，物体が移動する向きが同じであるとき，公式7.1に $\theta = 0$ を代入すればよいので，大きさ F の力が物体にした仕事 W は，次のように F と物体の移動量 r の単純なかけ算になる。

$$W = Fr$$

また，SI 単位系における仕事の単位は「J（**ジュール**）」，または「N・m」を用いる。

　ここまでは，物体に働く力のベクトル $\vec{F}$ が，大きさも向きも一定である場合を考えてきた。しかし，一般に物体に加える力は時間とともに変化する。物体に加える力 $\vec{F}$ が時間に依存するとき，仕事 W はどのように定義されるだろうか。力が物体に仕事をするとき，物体の位置 $\vec{r}$ もまた時間とともに変わるので，ここでは物体に加える力 $\vec{F}$ が，物体の位置 $\vec{r}$ の関数であると考えよう。

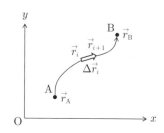

図 7.2　地点 A から B までの物体の移動

　図 7.2 のように，ある地点 A$(\vec{r}_A)$ から別の地点 B$(\vec{r}_B)$ まで，物体の位置に依存する力 $\vec{F}(\vec{r})$ を加えて物体を移動させた場合を考えよう。A から B までの間の区間を N 等分して，位置 $\vec{r}_i$ と $\vec{r}_{i+1}$ の間の微小な変位を $\Delta\vec{r}_i$ と定義すると[1]，

$$\Delta\vec{r}_i = \vec{r}_{i+1} - \vec{r}_i$$

と書くことができる。ここで，微小区間 $\Delta\vec{r}_i$ を移動する間に物体に加える力 $\vec{F}(\vec{r}_i)$ は，近似的に大きさが一定であると考えると，この微小区間で力が物体にした仕事 ΔW_i は，

$$\Delta W_i = \vec{F}(\vec{r}_i) \cdot \Delta\vec{r}_i$$

と書くことができる。よって，物体を A から B まで運ぶのに力がする全仕事 W は，ΔW_i をすべての微小区間で和をとればよいので，

$$W = \lim_{N\to\infty}\sum_{i=0}^{N-1}\Delta W_i = \lim_{N\to\infty}\sum_{i=0}^{N-1}\vec{F}(\vec{r}_i)\cdot\Delta\vec{r}_i = \int_A^B \vec{F}(\vec{r})\cdot d\vec{r}$$

から求めることができる[2]。このように，物体に加える力が位置（または時間）に依存するとき，力が物体を地点 A から B まで移動するのに必要な仕事 W は，次のように積分を用いて求められる。

公式 7.2（位置に依存する力が物体にする仕事） ────────────────

$$W = \int_A^B \vec{F}(\vec{r})\cdot d\vec{r}$$

──

　また，仕事に関する物理量として，単位時間（SI 単位系の場合は 1 秒間）あたりに行われる仕事のことを，**仕事率**とよぶ。ある物体に対して時間 t [s] の間に W [J] の仕事をしたと

─────────────────────────

[1]　i は 0 から N までの整数で，$\vec{r}_0 = \vec{r}_A$，$\vec{r}_N = \vec{r}_B$ である。また，$\vec{r}_B = \vec{r}_A + \displaystyle\sum_{i=0}^{N-1}\Delta\vec{r}_i$ が成り立つ。

[2]　$\int_A^B d\vec{r}$ は，位置 $\vec{r}_A$ から $\vec{r}_B$ まで，ある経路に沿って $\vec{r}$ について定積分することを示す。

すると，仕事率 P は次式より求めることができる。

公式 7.3（仕事率の定義）

$$P = \frac{W}{t}$$

仕事率の単位は「W（**ワット**）」，または「J/s」を用いる。

例 7.1　水平でなめらかな床に置かれた質量 m [kg] のお菓子の箱を，子供が水平方向に対して上向きに角度 θ で，一定の大きさ F [N] の力で引っ張っている。箱が水平方向に L [m] 移動したとき，以下の問いに答えよ。ただし，重力加速度の大きさを g [m/s^2] とする。

(1)　子供が箱にした仕事を求めよ。

(2)　箱に働く重力が箱にした仕事を求めよ。

(3)　床から箱に働く大きさ N [N] の垂直抗力が箱にした仕事を求めよ。

[解]　(1)　子供が箱に加えた力の水平方向の分力は，$F\cos\theta$ [N] で表される。また，箱が移動した距離は水平方向に L [m] なので，子供が箱にした仕事 W は，移動した方向に加わっている力の分力と箱の移動距離の積で表されるので，$W = FL\cos\theta$ [J] となる。

(2)　重力は下向きで箱の変位とは直角なので，重力を F_G [N] とおくと，重力が箱にした仕事 W は，$W = F_G L\cos 90° = 0$ J となる。

(3)　床からの垂直抗力も箱の変位とは直角なので，垂直抗力が箱にした仕事 W は，$W = NL\cos 90° = 0$ J となる。

例 7.2　動摩擦係数 μ' の粗い水平な床の上に静止している質量 m [kg] の荷物に，水平で大きさ F [N] の一定の力を加えて，荷物を点 A から点 B に移動させた。これを経路 1 とする。

点 A に荷物を戻して，再び水平で大きさ F [N] の一定の力を加えて，荷物を点 A から，点 B と同じ距離にある点 C を経由して点 B に移動させた。これを経路 2 とする。

点 A と点 B，点 A と点 C の間の距離はいずれも L [m]，点 B と点 C の間の距離は $2L$ [m] である。このとき，経路 1 で大きさ f' の動摩擦力が荷物にした仕事 W_1 と，経路 2 で大きさ f' の動摩擦力が荷物にした仕事 W_2 を求めよ。ただし，重力加速度の大きさを g [m/s^2] とする。

[解]　動摩擦力 f' は，荷物の移動の向きと逆向きに働く。つまり，力と物体が移動する向きとの間の角度は $\theta = 180°$ である。また，動摩擦力の大きさは $f' = \mu'mg$ なので，点 A→ 点 B となる経路 1 で動摩擦力が荷物にした仕事 W_1 は，

$$W_1 = f'L\cos 180° = -\mu'mgL$$

また，点 A→ 点 C→ 点 B となる経路 2 で動摩擦力が荷物にした仕事 W_2 は，

$$W_2 = f'L\cos 180° + f'(2L)\cos 180° = -3\mu'mgL$$

これらの結果より，動摩擦力のした仕事は出発点と終点が同じでも，経路が違うと異なる値になることがわかる。

7.2　エネルギー

前節で学んだように，仕事は物体に働いた力と，実際に物体が移動した変位（移動距離）の積で表すことができる。これに対して，すでに何らかの力を受けている物体が他の物体

に仕事をする能力をもつとき，その能力の度合いのことを**エネルギー**とよぶ。すなわち，仕事とは「物体の位置が変化した結果」について記述しており，エネルギーとは「物体がこれから他の物体の位置を変化させる将来の可能性」を示している。「仕事をした」ということは，「エネルギーを使った」ことに対応する。つまり，仕事の大きさはエネルギーの大きさと等価であると考えてよく，エネルギーの単位も仕事と同じ「J（**ジュール**）」を用いる。以下で，力学で重要となる 2 つのエネルギーについて，順に説明しよう。

7.2.1 運動エネルギー

図 7.3 で示されているように，x 軸の原点に静止している質量 m の物体（質点）に対して，時刻 $t = 0$ から力 F を x 軸方向に加えた場合を考えよう。運動を始めた物体の時刻 t における位置を $x(t)$，速度を $v(t)$ とする。

図 7.3 静止した物体を速度 v で動かすのに必要な仕事

この物体の運動方程式は

$$F(t) = m\frac{dv(t)}{dt} \tag{7.1}$$

と書けるので，この式 (7.1) の左辺と右辺に，$\frac{dx(t)}{dt} = v(t)$ の左辺と右辺をそれぞれかけると，次式が得られる。

$$F(t)\frac{dx(t)}{dt} = m\frac{dv(t)}{dt}v(t) \tag{7.2}$$

ここで，

$$\frac{d}{dt}\left(\frac{1}{2}v^2(t)\right) = \frac{1}{2}\frac{d}{dt}\left(v^2(t)\right)$$

$$= \frac{1}{2}\left(\frac{dv(t)}{dt}v(t) + v(t)\frac{dv(t)}{dt}\right) = \frac{dv(t)}{dt}v(t)$$

という関係が成り立つことに注目すると，式 (7.2) の右辺は次のように書き直すことができる。

$$F(t)\frac{dx(t)}{dt} = m\frac{d}{dt}\left(\frac{1}{2}v^2(t)\right) \tag{7.3}$$

次に，式 (7.3) の両辺を時刻 t_A から t_B の間で定積分すると，

$$\int_{t_A}^{t_B} F(t)\frac{dx(t)}{dt}\cdot dt = \int_{t_A}^{t_B}\left[m\frac{d}{dt}\left(\frac{1}{2}v^2(t)\right)\cdot dt\right]$$

$$\rightarrow \int_{x_A}^{x_B} F(x)\,dx = \int_A^B d\left(\frac{1}{2}mv^2\right) \tag{7.4}$$

と計算できる。x_A，x_B はそれぞれ，時刻 t_A，t_B における物体の位置であり，それぞれの時刻における物体の速度を v_A，v_B と定義すると，式 (7.4) は右辺を変形して次式のようになる。

$$\int_{x_A}^{x_B} F(x)\,dx = \frac{1}{2}mv_B^2 - \frac{1}{2}mv_A^2 \tag{7.5}$$

ところで，物体はもともと原点で静止していたので，時刻 $t_A = 0$ のときの位置は

$x_{\mathrm{A}} = 0$，速度は $v_{\mathrm{A}} = 0$ であり，時刻 $t_{\mathrm{B}} = t$ で物体の位置が $x_{\mathrm{A}} = x$，速度が $v_{\mathrm{B}} = v$ で運動したので，式 (7.5) は次のように書ける。

$$\int_0^x F(x)\,dx = \frac{1}{2}mv^2 \tag{7.6}$$

公式 7.2 と比較すると，式 (7.6) の左辺は 1 次元方向の仕事の定義そのものであることがわかる。これは，静止している物体を速度 v で運動させるのに必要な仕事が，$\frac{1}{2}mv^2$ で書けることを示している。このように，力 $\vec{F}$ で与えられた仕事は物体がもつエネルギーとなり，次式で与えられるエネルギー K を物体の**運動エネルギー**とよぶ。

公式 7.4（運動エネルギーの定義）

$$K = \frac{1}{2}mv^2$$

すなわち，速さ v で運動している質量 m の物体は，それが静止するまでに $K = \frac{1}{2}mv^2$ に相当する仕事を他の物体にすることができるのである。

例 7.3 xy 平面上を運動する質量 m [kg] の箱に，一定の大きさ F [N] の力を加えた場合を考える。箱の初速度は x 軸に沿って v [m/s^2] であったが，t [s] 後の箱の速度は y 軸に沿って v' [m/s^2] であった。このとき，時間 t [s] の間に箱になされた仕事を求めよ。

［解］ 仕事と運動エネルギーの関係から，箱が時刻 0 s で地点 A に，時刻 t [s] で地点 B にあったとすると，この間に大きさ F [N] の力が箱にした仕事 W [J] は，箱に働く力のベクトルを $\vec{F}$ で表して，

$$W = \int_{\mathrm{A}}^{\mathrm{B}} \vec{F} \cdot d\vec{r} = \frac{1}{2}mv'^2 - \frac{1}{2}mv^2 = \underline{\frac{1}{2}m(v'^2 - v^2)\ \text{[J]}}$$

となる。速度 v と v' の方向は，仕事に影響を及ぼさない点に注意せよ。

7.2.2 位置エネルギー

力学で重要となるもう 1 つのエネルギーとして，「位置エネルギー（ポテンシャルエネルギー）」とよばれるものがある。このエネルギーについて説明する前に，位置エネルギーと重要な関係をもつ「保存力」について学んでおこう。

● 保存力

図 7.4 のように，物体を地点 A から地点 B まで移動させる場合を考えよう。物体が A から B に移動するのに，経路 C, D, E の 3 つの経路を通る場合があるとすると，一般に力が物体にする仕事の値はどの経路を通るかによってその値が変わる。しかし，世の中に

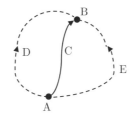

図 7.4 地点 A から B までの物体の移動

はどの経路を通っても仕事の値がすべて同じになるような，特殊な力が存在する。このような力のことを，**保存力**とよぶ。

　力学で代表的な保存力はおもに 2 つあり，それは「重力」と「ばねの弾性力」である。一方，保存力ではない力のことを**非保存力**とよび，摩擦力や空気抵抗力はこの力の代表的な例である*。

● 保存力と位置エネルギーの関係

　物体がある保存力を受けているとき，その物体が保存力に逆らって静止すると，その物体はエネルギーをもつ。このように，保存力に逆らって静止する物体がもつエネルギーのことを，**位置エネルギー**，または**ポテンシャルエネルギー**とよぶ。

　例えば，物体に対して位置 $\vec{r}$ に依存する保存力 $\vec{F}$ が働いているとする。この物体を，保存力 $\vec{F}$ に逆らって地点 O から地点 P まで移動させたとき，保存力に逆らう力 $(-\vec{F})$ が物体にした仕事を U とおくと，この U が地点 O を基準とした，地点 P にいる物体がもつ位置エネルギーとなる。

公式 7.5（位置エネルギーの定義） ─────────────────────────

$$U = -\int_{\mathrm{O}}^{\mathrm{P}} \vec{F}(\vec{r}) \cdot d\vec{r}$$

───

　このように，位置エネルギーは保存力から求まるので，位置エネルギーの基準となる位置 O と，物体が今いる位置 P さえわかれば，その間の経路に関係なく求めることができる。また，次式を用いると，保存力 $\vec{F}$ は位置エネルギー U からも求めることができる。

公式 7.6（位置エネルギーから保存力を求める式） ─────────────────

$$\vec{F} = -\vec{\nabla} \cdot U$$

───

　ここで，3 次元空間を考える場合は $\vec{\nabla} = \left(\frac{\partial}{\partial x}, \frac{\partial}{\partial y}, \frac{\partial}{\partial z}\right)$ であり，これはナブラとよばれるベクトル型の偏微分の数式である。$\frac{\partial}{\partial x}$ は x についての偏微分とよび，微分される関数が x 以外の変数をもつ場合，それらの変数を固定して x についてだけ微分することを意味する。

● 重力による位置エネルギー

　図 7.5 に示すように，質量 m の物体が重力を受けて運動している場合を考えよう。

　鉛直上向きに y の正の軸をとるとき，重力加速度の大きさを g で表すと，物体に働く重力 F は

$$F = -mg$$

で書ける。原点を基準として，物体が $y = h$ の位置で静止している場合を考えよう。この物体は重力という保存力に逆らってこの位置に留まっているので，物体は重力による位置

───────────────────

　*　例えば，物体を動かす経路が長くなるほど，動摩擦力が物体にする仕事の大きさは増える。したがって，動摩擦力が物体にする仕事は経路によって変わるので，この力は非保存力の例である（例 7.2 参照）。

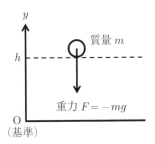

図 7.5 高さ h の位置にある物体

エネルギーをもつ。

この場合, 位置エネルギーの公式 7.5 は

$$U = -\int_0^h F(y) \, dy$$

となるので, この式に $F(y) = -mg$ を代入すると,

$$U = -\int_0^h (-mg) \, dy = -(-mg) \int_0^h 1 \, dy = mgh$$

となる。

よって, 高さ h の位置で静止している質量 m の物体は, 高さ 0 を基準として次の重力による位置エネルギーをもつことがわかる。

公式 7.7 (重力による位置エネルギー) ──────────

$$U = mgh$$

────────────────────

- **ばねの弾性力による位置エネルギー**

図 7.6 のように, 物体がフックの法則に従うばね定数 k のばねの弾性力を受けている場合を考えよう。

右向きに x の正の軸をとり, 物体が原点 O にあるときのばねが自然の長さであるとする。この場合, ばねの自然の長さからの伸び(縮み)が x 座標となるので, 物体が受けるばねによる弾性力 F は

$$F = -kx$$

と書ける。

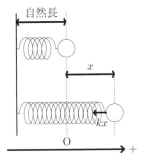

図 7.6 ばねの弾性力を受ける物体

この物体が x の位置で静止しているとき，物体は保存力であるばねの弾性力に逆らって
この位置に留まっているので，ばねの弾性力による位置エネルギーをもつ。

この場合，位置エネルギーの公式 7.5 は，u を適当な積分変数として

$$U = -\int_0^x F(u)\ du$$

となるので，この式に $F(u) = -ku$ を代入すると，

$$U = -\int_0^x (-ku)\ du = -(-k)\int_0^x u\ du = k\left[\frac{1}{2}u^2\right]_0^x = \frac{1}{2}kx^2$$

となる。

よって，x だけ伸び縮みしたばねの弾性力を受けている物体は，ばねが自然の長さにあ
るときを基準として，次のばねの弾性力による位置エネルギーをもつことがわかる。

公式 7.8（ばねの弾性力による位置エネルギー）

$$U = \frac{1}{2}kx^2$$

• 万有引力による位置エネルギー

図 7.7 のように，右向きに x の正の軸をとり，質量が M と m の 2 つの物体の間に x 軸
に沿った万有引力が働く場合を考える。このとき，質量 M の物体の中心を x 軸の原点に
とろう。

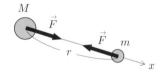

図 7.7 万有引力を受ける 2 物体

2 つの物体間の距離を r とおくと，質量 m の物体に働く万有引力は，G を万有引力定数
とおくと，

$$F = -G\frac{Mm}{r^2}$$

で書くことができる。万有引力は重力の起源であるので，万有引力もまた保存力である。
すなわち，質量 m の物体が $x = r$ の位置で静止しているのであれば，この物体もやはり
保存力に逆らってこの位置に留まっているので，万有引力による位置エネルギーをもつ。

位置エネルギーの基準はどのような位置でも構わないが，ここでは計算の都合上，
$x = \infty$（無限に遠い位置）を位置エネルギーの基準にとろう。このとき，位置エネルギーの
公式 7.5 は

$$U = -\int_\infty^r F(x)\ dx$$

となるので，この式に $F(x) = -G\frac{Mm}{x^2}$ を代入すると，

$$U = -\int_\infty^r \left(-G\frac{Mm}{x^2}\right) dx = -(-GMm)\int_\infty^r \frac{1}{x^2}\ dx = GMm\left[-\frac{1}{x}\right]_\infty^r$$

$$= GMm\left[-\frac{1}{r} - \left(-\frac{1}{\infty}\right)\right] = -G\frac{Mm}{r}$$

となる($\frac{1}{\infty} \to 0$ を用いた)。

よって,距離 r 離れた質量 M と m の2つの物体が互いに万有引力を受けて静止しているとき,一方の物体がもつ万有引力による位置エネルギーは,無限に遠い位置を基準として次式のように書くことができる。

公式 7.9(万有引力による位置エネルギー) ————————

$$U = -G\frac{Mm}{r}$$

例 7.4 図のように,質量 m [kg] のジェットコースターが,摩擦のないなめらかなレールの高さ h の山の頂上(この場所を初期位置とする)を,大きさ v_0 [m/s] の初速度で通過した。このとき,以下の問いに答えよ。

(1) 初期位置から A 点まで,初期位置から B 点まで,初期位置から C 点まで進む間に,重力がジェットコースターにする仕事をそれぞれ求めよ。

(2) ジェットコースターが A 点,B 点にいるときの,重力による位置エネルギーをそれぞれ求めよ。ただし,C 点を位置エネルギーの基準とする。

(3) 質量が 4 倍になった場合,(2)で求めた A 点と B 点における位置エネルギーは,もとの質量のときと比べてそれぞれどのように変わるか。

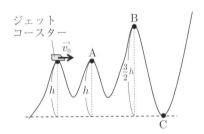

[解] (1) 重力は保存力なので,重力のする仕事は経路によらず,最初と最後の場所だけで決まる。また,位置エネルギーとは「重力に逆らう力が物体にする仕事」のことなので,「重力が物体にする仕事」は位置エネルギーにマイナスをつけた値に等しい。

初期位置と A 点の高さは変わらないので,初期位置から A 点までに重力がする仕事は $W_A = 0$ [J] となる。

初期位置を基準とした B 点の高さは $\frac{3}{2}h - h = \frac{1}{2}h$ なので,初期位置から B 点までに重力がする仕事は $W_B = -mg \times \frac{1}{2}h = -\frac{mgh}{2}$ [J] となる。

初期位置を基準とした C 点の高さは $0 - h = -h$ なので,初期位置から C 点までに重力がする仕事は $W_C = -mg \times (-h) = mgh$ [J] となる。

(2) C 点を基準とした A 点,B 点の高さはそれぞれ,h,$\frac{3}{2}h$ なので,A 点での重力による位置エネルギーは $U_A = mg \times h = mgh$ [J] となる。

B 点での重力による位置エネルギーは $U_B = mg \times \frac{3}{2}h = \frac{3\,mgh}{2}$ [J] となる。

(3) 重力による位置エネルギーは質量 m に比例するので,質量が 4 倍になると,A 点,B 点における重力による位置エネルギーはいずれも,もとの質量のときに比べて 4 倍に増える。

7.3　力学的エネルギー保存則

　物体が位置に依存する保存力 $F(x)$ を受けて，x 軸上を運動している場合を考えよう。物体の質量は m とする。この物体が，時刻 t_A のときに位置 x_A にいて速度 v_A で運動していたのが，時刻 t_B のときには位置 x_B に移動して速度 v_B の運動に変わったとする（図7.8）。

図 7.8　保存力のもとでの物体の運動

　このとき，時刻 t_A から t_B の間に，保存力 $F(x)$ が物体にした仕事は $\int_{x_A}^{x_B} F(x)\,dx$ であり，この積分は式 (7.4) より次のような式で書けることをすでに学んだ。

$$\int_{x_A}^{x_B} F(x)\,dx = \int_A^B d\left(\frac{1}{2}mv^2\right) \tag{7.7}$$

ここで，x_A, x_B とは別の位置 x_0 を定義すると，式 (7.7) は次式のように変形できる。

$$\int_{x_0}^{x_B} F(x)\,dx + \int_{x_A}^{x_0} F(x)\,dx = \frac{1}{2}mv_B^2 - \frac{1}{2}mv_A^2$$

$$\rightarrow\quad \frac{1}{2}mv_A^2 - \int_{x_0}^{x_A} F(x)\,dx = \frac{1}{2}mv_B^2 - \int_{x_0}^{x_B} F(x)\,dx \tag{7.8}$$

　公式 7.4 より，式 (7.8) の左辺の 1 項目と右辺の 1 項目はそれぞれ，時刻 t_A, t_B のときに物体がもつ運動エネルギーである。これらをそれぞれ，K_A, K_B と定義しよう。また，公式 7.5 より，式 (7.8) の左辺の 2 項目と右辺の 2 項目はそれぞれ，時刻 t_A, t_B のときに物体がもつ，位置 x_0 を基準とした位置エネルギーを示す。これらをそれぞれ，U_A, U_B と定義する。以上のことから，次式が成り立つ。

$$K_A + U_A = K_B + U_B \tag{7.9}$$

　ここで，力学における 2 つのエネルギーである運動エネルギーと位置エネルギーの和のことを，**力学的エネルギー**とよぶ[*]。すなわち，式 (7.9) はある物体が保存力のみを受けて運動しているとき，時刻 t_A と t_B で力学的エネルギーが不変であることを示している。上記の計算は 1 次元だけでなく，2 次元，3 次元空間にも同様に拡張することができる。よって，いかなる次元においても，物体がもつ力学的エネルギーは時間によらず一定である。これを**力学的エネルギー保存則**とよび，正確には次のように記述される。

> **定理 7.1（力学的エネルギー保存則）**　物体に保存力のみが働いているとき，力学的エネルギー（運動エネルギーと位置エネルギーの和）は時間によらず一定である。
>
> $$K + U = 一定$$

---

[*]　1 つの物体に複数の種類の保存力が働いている場合，力学的エネルギーの中に含まれる位置エネルギーはすべての保存力による位置エネルギーの和であることに注意しよう。

例 7.5 ばね定数 k のばねの先端に質量 m の小球を取り付けて，原点 O から水平な x 軸方向に振幅 A で単振動させた。このとき，小球の変位 x は $x(t) = A \sin \omega t$ と表されるとする。この単振動の過程で，力学的エネルギー保存則が常に成り立つことを示せ。

[解] ばね定数 k のばねの弾性力を受けて，小球が運動をする場合，小球がもつばねの弾性力による位置エネルギーは

$$U = \frac{1}{2}kx^2 = \frac{1}{2}kA^2 \sin^2 \omega t$$

と表せる。また，小球の速さは

$$v = \frac{dx}{dt} = \frac{d}{dt}(A \sin \omega t) = A\omega \cos \omega t$$

となるので，小球の運動エネルギーは次のようになる。

$$K = \frac{1}{2}mv^2 = \frac{1}{2}m(A\omega)^2 \cos^2 \omega t$$

したがって，単振動する小球の力学的エネルギー E は，

$$E = K + U = \frac{1}{2}m(A\omega)^2 \cos^2 \omega t + \frac{1}{2}kA^2 \sin^2 \omega t$$

また，単振動の角振動数 ω と k の関係として，$\omega^2 = \frac{k}{m}$ が成り立つので，右辺の第 2 項に $k = m\omega^2$ を代入して，

$$E = \frac{1}{2}m(A\omega)^2(\cos^2 \omega t + \sin^2 \omega t) = \frac{1}{2}m(A\omega)^2$$

と表せる。この式は時間 t を含んでいないので，単振動する小球の力学的エネルギー E は時間によらず一定に保たれる。すなわち，力学的エネルギー保存則が常に成り立つ。

7.1 引っ越しをする 2 人の大人 A と B が，摩擦の
ないなめらかな床に置かれた質量 m [kg] のたんすを
x 軸に沿って L [m] 移動させた。たんすの左側の人
物 A の押す力は，水平方向から角度 θ 上方の向きに
F [N] であり，右側の人物 B の引っ張る力は，水平
方向から角度 θ' 下方の向きに F' [N] の力であった。
たんすを L [m] 移動させる間に，

(1) 人物 A と B がたんすに対してした仕事を求
めよ。

(2) 大きさ F_g の重力がたんすにした仕事 W_g を
求めよ。また，床からの大きさ N の垂直抗力
がたんすにした仕事 W_N を求めよ。

(3) たんすははじめ静止していた。移動させた後
のたんすの速さ v [m/s^2] を求めよ。

7.2 摩擦のない水平でなめらかな机の上に，全長
L [m]，質量 m [kg] のひもが乗っている。ひもの全長
の 1/3 は机から垂れ下がっている。このひもを引っ
張って，垂れ下がっているひもの部分をすべてテー
ブルに乗せるために必要な仕事を求めよ。ただし，
重力加速度の大きさを g とする。

7.3 ある人物が，地上からの高さ $5h$ [m] の窓から
質量 m [kg] の花束を落とし，それを地上からの高さ
h [m] の位置で友人が受け取った。ただし，空気抵
抗は考えないものとし，重力加速度の大きさを g と
する。

(1) 落下中に重力が花束にする仕事 W_g を求
めよ。

次に，重力による位置エネルギー U の原点を地面
の高さにとるとき，

(2) 花束を放した位置での U を求めよ。

(3) 友人が受け取った位置での U を求めよ。

(4) 花束が落下している間の，重力による位置エ
ネルギーの変化 ΔU を求めよ。

7.4 質量 m [kg] の子供が，高さ h [m] の摩擦のない
なめらかな滑り台から，地上に向かって滑り下りた。
地上に着く瞬間の子供の速さを求めよ。ただし，重
力加速度の大きさを g とする。

7.5 図のように，長さ l の軽い糸の一端に質量 m の
小球を取り付け，他端を天井に固定して吊り下げた
単振り子が，振り子運動をしている。小球が最下点
にある位置を原点 $x = 0$ として，力学的エネルギー
保存則から，この単振り子の周期 T を求めよ。ただ
し，振れ角 θ は十分に小さいものとし，重力加速度
の大きさを g とする。

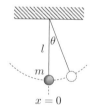

8 質点系の力学

前章までは，1つの質点(大きさをもたない物体)の運動について議論してきた。本章では，いくつかの質点が互いに力を及ぼし合いながら運動する状況を考察する。この複数の質点を1つのまとまりとみなしたもの(または質点の集まりを考える空間のこと)を，質点系とよぶ。質点系の物理法則を知ることで，互いに力を及ぼし合う複数の物体の運動(物体どうしの衝突など)を理解することができる。また，有限の大きさをもつ物体は微小な質点の集まりと捉えることができるため，10章のテーマである剛体力学の基礎ともなる。

8.1 重 心

複数の質点(物体)が同時に存在するとき，このような状態を**質点系**とよぶ。このとき，質点1つ1つには重力が働くが，これらの重力は合成することで，1つの重力とみなすことができる。このように，複数の質点の重力の和が働く作用点のことを，**重心**とよぶ。

8.1.1 2つの質点の重心

図 8.1 のように，質量が異なる2つの物体1，2を固定した軽い棒を，天井から糸で吊るした場合を考えよう。2つの物体はともに質点とみなし，糸と棒を固定した点をOとする。もし棒が水平につり合うのであれば，Oに上向きに働く糸の張力の大きさは，物体1と2に働く重力の和に等しい。これは，物体1と2に働く重力の和が，Oを作用点として下向きに働いていることを示しており，Oが2つの質点の重心であることを示している。

ところで，重心の位置はどのように決まるのだろうか。図 8.2 のように，2つの質点(質点1，2)の質量をそれぞれ m_1，m_2 として，これらが互いに力を及ぼし合っている場合を考えよう。質点2があることにより質点1には $\vec{F}_{21}$ の力が働く。一方，質点1があることにより質点2には $\vec{F}_{12}$ の力が働く。これらの力は作用・反作用の法則より，

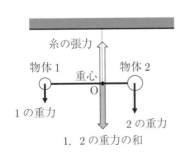

図 8.1 2つの質点の重心

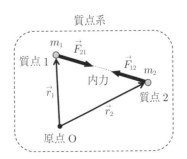

図 8.2 2つの質点からなる質点系

$$\vec{F}_{12} = -\vec{F}_{21} \tag{8.1}$$

を満たす.

ニュートンの運動の第2法則より, 質点1, 2の位置ベクトルをそれぞれ $\vec{r}_1$, $\vec{r}_2$ とおくと, これらの質点の運動方程式は次のように書くことができる.

$$\vec{F}_{12} = m_2 \frac{d^2\vec{r}_2}{dt^2}, \qquad \vec{F}_{21} = m_1 \frac{d^2\vec{r}_1}{dt^2} \tag{8.2}$$

また, 式 (8.1) の左辺と右辺に, 式 (8.2) の2式をそれぞれ代入すると,

$$m_2 \frac{d^2\vec{r}_2}{dt^2} = -m_1 \frac{d^2\vec{r}_1}{dt^2} \quad \rightarrow \quad m_2 \frac{d^2\vec{r}_2}{dt^2} + m_1 \frac{d^2\vec{r}_1}{dt^2} = 0$$
$$\rightarrow \quad \frac{d^2}{dt^2}(m_1\vec{r}_1 + m_2\vec{r}_2) = 0 \tag{8.3}$$

となる.

ここで, 2つの質点を合わせた全質量 $M = m_1 + m_2$ を定義しよう. 2つの質点の重心の位置ベクトル(2つの質点に働く重力の和が作用するとみなせる位置のベクトル)を $\vec{r}_G$ として,

$$M\vec{r}_G = m_1\vec{r}_1 + m_2\vec{r}_2 \tag{8.4}$$

のように定義する. この式の右辺と左辺を入れ替えて,

$$m_1\vec{r}_1 + m_2\vec{r}_2 = M\vec{r}_G$$

を式 (8.3) の左辺に代入すると, 次式を得ることができる.

$$\frac{d^2}{dt^2}(m_1\vec{r}_1 + m_2\vec{r}_2) = 0 \quad \rightarrow \quad \frac{d^2}{dt^2}(M\vec{r}_G) = 0$$
$$M\frac{d^2\vec{r}_G}{dt^2} = 0 \tag{8.5}$$

この式 (8.5) は, 2つの質点の重心の加速度である $\frac{d^2\vec{r}_G}{dt^2}$ が0であることを示している. つまり, 外から力を受けていない2つの質点が, 互いに力を及ぼし合いながら運動しているとき, その重心の加速度は0なので, 重心は静止, または等速直線運動することがわかる. これは, **2つの質点1と2が外から力を受けずに位置 $\vec{r}_G$ にいる1つの物体とみなすことができる**ことを示しており, 重心の位置 $\vec{r}_G$ が2つの質点の重力の和が作用する点であることを示している.

式 (8.4) より $\vec{r}_G$ は

$$\vec{r}_G = \frac{m_1\vec{r}_1 + m_2\vec{r}_2}{M} = \frac{m_1\vec{r}_1 + m_2\vec{r}_2}{m_1 + m_2}$$

と書けるので, 2つの質点の重心の位置ベクトル $\vec{r}_G$ は, 次の公式より求まる.

公式 8.1 (2 個の質点系の重心の位置) ────────────────

$$\vec{r}_G = \frac{m_1\vec{r}_1 + m_2\vec{r}_2}{m_1 + m_2}$$

────────────────────────────────

いま, 図 8.2 の点線で囲んだ内部が, 2つの質点が集まった質点系である. 質点系の中で働く力を**内力**, 質点系の外から働く力を**外力**とよび, 質点系の内部で働く力と外部から働く力を区別して考える.

例 8.1　図のように，質量 2.0 kg の小物体 A と質量 3.0 kg の小物体 B が，長さ 1.0 m の軽い棒の両端に固定されている。このとき，A から重心までの距離を求めよ。

［解］　物体 A を原点として，A から B に向かう方向に x の正の軸をとると，A の x 座標は $x_{\mathrm{A}} = 0.0$ m，B の x 座標は $x_{\mathrm{B}} = 1.0$ m と書くことができる。これより，A と B の重心の x 座標を x_{G} と定義すると，x_{G} は次のように計算できる。

$$x_{\mathrm{G}} = \frac{m_{\mathrm{A}}x_{\mathrm{A}} + m_{\mathrm{B}}x_{\mathrm{B}}}{m_{\mathrm{A}} + m_{\mathrm{B}}} = \frac{2.0 \times 0.0 + 3.0 \times 1.0}{2.0 + 3.0} = \frac{3.0}{5.0} = 0.60$$

したがって，A から重心までの距離は，<u>0.60 m</u>である。

8.1.2　複数の質点の重心とその運動

2 つの質点の重心の計算は，任意の数の質点が集まっている質点系でも同様に成り立つ。例えば，図 8.3 のように，n 個の質点が集まった質点系の重心について考えよう。質量 m_1，m_2，$\cdots$，m_n の n 個の質点がそれぞれ，位置 $\vec{r}_1$，$\vec{r}_2$，$\cdots$，$\vec{r}_n$ にあるとする。質量 m_i の質点から質量 m_j の質点に内力 $\vec{F}_{ij}$ が働いており，質点系の外から外力は働かないものとすると，個々の質点の運動方程式は

$$m_1 \frac{d^2 \vec{r}_1}{dt^2} = \vec{F}_{21} + \vec{F}_{31} + \cdots + \vec{F}_{n1}$$

$$m_2 \frac{d^2 \vec{r}_2}{dt^2} = \vec{F}_{12} + \vec{F}_{32} + \cdots + \vec{F}_{n2}$$

$$\vdots$$

$$m_n \frac{d^2 \vec{r}_n}{dt^2} = \vec{F}_{1n} + \vec{F}_{2n} + \cdots + \vec{F}_{n-1,n}$$

図 8.3　複数の質点からなる質点系

と表すことができる。これらを左辺を左辺どうし，右辺を右辺どうしですべて足し合わせると，右辺の内力の和は作用・反作用の法則により完全に 0 になるので，

$$m_1 \frac{d^2 \vec{r}_1}{dt^2} + m_2 \frac{d^2 \vec{r}_2}{dt^2} + \cdots + m_n \frac{d^2 \vec{r}_n}{dt^2} = 0$$

$$\rightarrow \quad \frac{d^2}{dt^2}(m_1 \vec{r}_1 + m_2 \vec{r}_2 + \cdots + m_n \vec{r}_n) = 0 \tag{8.6}$$

が成り立つ。

したがって，n 個の全質点の和を $M = m_1 + m_2 + \cdots + m_n$ として，

$$M\vec{r}_{\mathrm{G}} = m_1 \vec{r}_1 + m_2 \vec{r}_2 + \cdots + m_n \vec{r}_n \tag{8.7}$$

を満たす位置ベクトル $\vec{r}_{\mathrm{G}}$ を定義すれば，式 (8.6) は $M\frac{d^2 \vec{r}_{\mathrm{G}}}{dt^2} = 0$ となり，$\vec{r}_{\mathrm{G}}$ は質点系に対して外力が働かない場合に，すべての質点の重力の和が作用する重心とみなすことができる。また，式 (8.7) を変形すると，

$$\vec{r}_{\mathrm{G}} = \frac{m_1 \vec{r}_1 + m_2 \vec{r}_2 + \cdots + m_n \vec{r}_n}{M}$$

となるので，n 個の質点系の重心の位置は次式より計算できる。

公式 8.2（n 個の質点系の重心の位置）

$$\vec{r}_\mathrm{G} = \frac{m_1 \vec{r}_1 + m_2 \vec{r}_2 + \cdots + m_n \vec{r}_n}{m_1 + m_2 + \cdots + m_n} = \frac{\displaystyle\sum_{i=1}^{n} m_i \vec{r}_i}{\displaystyle\sum_{i=1}^{n} m_i}$$

したがって，この結果は**多くの質点からなる質点系になっても，重心の運動を考える限り，質点 1 個で成立していた式がすべて使える**ことを示している。

例 8.2　xy 平面内において，質量 1.0 kg の物体 A が平面上の座標 (5.0 m, 1.0 m)，質量 2.0 kg の物体 B が平面上の座標 (2.0 m, 4.0 m)，質量 3.0 kg の物体 C が平面上の座標 (3.0 m, 5.0 m) にそれぞれあるとする。これら 3 つの物体の重心の座標を求めよ。

　［解］　3 つの物体からなる重心 $\vec{r}_\mathrm{G}$ の座標は

$$\vec{r}_\mathrm{G} = \frac{m_1 \vec{r}_1 + m_2 \vec{r}_2 + m_3 \vec{r}_3}{m_1 + m_2 + m_3}$$

で表すことができる。ここで，m_1，m_2，m_3 はそれぞれ物体 A，B，C の質量であり，$\vec{r}_1$，$\vec{r}_2$，$\vec{r}_3$ はそれぞれ A，B，C の座標(位置ベクトル)である。

　いま，$m_1 = 1.0$ kg，$m_2 = 2.0$ kg，$m_3 = 3.0$ kg，および $\vec{r}_1 = (5.0 \text{ m}, 1.0 \text{ m})$，$\vec{r}_2 = (2.0 \text{ m}, 4.0 \text{ m})$，$\vec{r}_3 = (3.0 \text{ m}, 5.0 \text{ m})$ なので，これらを重心を求める式に代入して，

$$\vec{r}_\mathrm{G} = \frac{1.0 \times (5.0, 1.0) + 2.0 \times (2.0, 4.0) + 3.0 \times (3.0, 5.0)}{1.0 + 2.0 + 3.0}$$
$$= \frac{(5.0 + 4.0 + 9.0, 1.0 + 8.0 + 15)}{6.0} = \frac{(18, 24)}{6.0} = \underline{(3.0 \text{ m}, 4.0 \text{ m})}$$

8.2　運動量と力積

　図 8.4 のように，質量 m の質点が速度 $\vec{v}$ で運動している場合を考えよう。このとき，**直線運動する物体の勢いの度合いを表す量**のことを**運動量**とよび，この運動量 $\vec{p}$ は次式ように定義される。

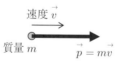

速度 $\vec{v}$

質量 m　　　　$\vec{p} = m\vec{v}$

図 8.4　速度 $\vec{v}$ で運動する質量 m の質点

公式 8.3（運動量の定義）

$$\vec{p} = m\vec{v}$$

　運動量の単位は SI 単位系で「kg · m/s」，または「N · s」で表される。この質点の運動量 $\vec{p}$ を使用すると，位置 $\vec{r}$ にある質点の運動方程式は，

$$\vec{F} = m\frac{d^2 \vec{r}}{dt^2} \quad \rightarrow \quad \vec{F} = m\frac{d\vec{v}}{dt} = \frac{d(m\vec{v})}{dt}$$
$$\rightarrow \quad \vec{F} = \frac{d\vec{p}}{dt} \tag{8.8}$$

と表すこともできる。つまり，物体に働く力 $\vec{F}$ が，その物体の運動量の時間変化を決めている。

次に，質点が時間によって変化する力 $\vec{F}(t)$ を受けて，点 A から点 B まで移動した場合を考えよう。質点が A にあるときの時刻を t_A，B にあるときの時刻を t_B とする。時刻 t_A から t_B までの間を N 分割して，ある時刻 t_i から t_{i+1} までの微小な時間 $\Delta t = t_{i+1} - t_i$ の間は，近似的に質点が受ける力は一定であるとみなし，その力を $\vec{F}(t_i)$ とおく。このとき，物体が時間 Δt の間に受けた力の和は $\vec{F}(t_i)\Delta t$ であるので，時刻 t_A から t_B までの間に質点が受けた力の和は，分割数 N を無限に大きい極限にとって，次式より計算できる。

$$\vec{I} = \lim_{N \to \infty} \sum_{i=0}^{N-1} \vec{F}(t_i)\,\Delta t = \int_{t_A}^{t_B} \vec{F}(t)\,dt \tag{8.9}$$

このように，物体がある時間に受けた力の和（積分）$\vec{I}$ のことを，**力積**とよぶ。力積の単位も運動量と同じであり，「kg・m/s」，または「N・s」を用いる。

また，この式 (8.9) の右辺の力のベクトル $\vec{F}$ に，式 (8.8) を代入すると，

$$\vec{I} = \int_{t_A}^{t_B} \vec{F}(t)\,dt = \int_{t_A}^{t_B} \frac{d\vec{p}}{dt} \cdot dt = \int_A^B d\vec{p} = \vec{p}(t_B) - \vec{p}(t_A)$$

となる。よって，時刻 t_A から t_B までの間に質点が受ける力積 $\vec{I}$ は，2 つの時刻における運動量の変化に等しいことがわかる。

公式 8.4（力積の定義）

$$\vec{I} = \int_{t_A}^{t_B} \vec{F}(t)\,dt = \vec{p}(t_B) - \vec{p}(t_A)$$

例えば，図 8.5(a) のように，運動量 $\vec{p}(t_A)$（$\vec{p}_A$）で飛んできたボールを，運動量 $\vec{p}(t_B)$（$\vec{p}_B$）で打ち返した場合を考えよう。このとき，バットがボールに与えた力積 $\vec{I}$ は 2 つの運動量ベクトルの差なので，図 8.5(b) のように，$\vec{p}(t_B) - \vec{p}(t_A)$ の矢印で描くことができる。また，ボールがバットから受ける力の大きさ $F(t)$ の時刻 t による変化が図 8.5(c) のように描けるとき，バットがボールに与える力積の大きさ I は，曲線と横軸との間の領域の面積に等しくなる。通常，バットやゴルフクラブがボールを打つとき，これらがボールに接触する時間は極めて短く，1 ms（0.001 s）程度であることが知られている。このように，極めて短い時間で物体に与えられる力のことを，**撃力**とよぶ。

また，物体が他の物体から力積を受けた時間 t [s] がわかっているとき，物体が受けた力積の大きさを I とおくと，物体が時間 t の間に受けた力の平均値 F_{ave} は，次のように求まる。

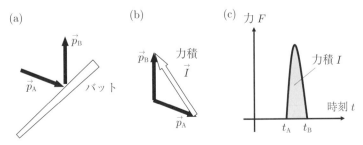

図 8.5 バットで打たれたボールが受ける力積

$$F_{\text{ave}} = \frac{I}{t}$$

これは，例えばバットがボールを打つときの，バットとボールの接触時間におけるおおよその撃力の大きさを示したものである。

例 8.3　質量 m [kg] の自動車が速さ v [m/s] で物体に衝突したところ，自動車の向きは変わらずに速さだけが v' [m/s] に変化した。その後，自動車は物体から力を受け続けて，t 秒後に静止した。衝突の前後で自動車が物体から受けた力積を求めよ。また，衝突後から自動車が止まるまでに自動車が受けた力の大きさの平均値を求めよ。ただし，自動車と物体の運動はすべて一直線上に沿うものとする。

　[解]　自動車が物体から受けた力積は，自動車が物体に衝突する前後の運動量の変化に等しい。自動車が進む向きを速度の正の向きとすると，衝突前の自動車の運動量 p_A は $p_A = mv$，衝突後の自動車の運動量 p_B は $p_B = mv'$ である。よって，自動車が物体から受ける力積 I [N·s] は，

$$I = p_B - p_A = mv' - mv = \underline{m(v' - v)}$$

である。

　衝突後に自動車が物体から受けた力積を I' [N·s]，受けた力の平均値を F [N] とする。衝突後も自動車は力を受け続けて，t 秒間で自動車の速さは v' から 0 に変化するので，I' は

$$I' = Ft = m \times 0 - mv' = -mv'$$

となる。よって，力の平均値 F は，

$$I' = Ft = -mv' \quad \rightarrow \quad F = \frac{I'}{t} = \frac{-mv'}{t}$$

となるので，力の大きさの平均値 $|F|$ は $|F| = \frac{mv'}{t}$ [N] である。

8.3　運動量保存則

　図 8.2 で考えた，互いに力を及ぼし合う 2 つの質点についてもう 1 度考えよう。ここでも，2 つの質点(質点 1，質点 2)に対して，質点系の外から外力は働いていない場合を考える。質量 m_1，速度 $\vec{v}_1$ で運動する質点 1 の運動量は $\vec{p}_1 = m_1 \vec{v}_1$ と書けるので，質点 1 が満たす運動方程式は

$$\vec{F}_{21} = \frac{d\vec{p}_1}{dt} \tag{8.10}$$

同様に，質量 m_2，速度 $\vec{v}_2$ で運動する質点 2 の運動量は $\vec{p}_2 = m_2 \vec{v}_2$ と書けるので，質点 2 が満たす運動方程式は

$$\vec{F}_{12} = \frac{d\vec{p}_2}{dt} \tag{8.11}$$

と書くことができる。ここで，式 (8.10) と式 (8.11) の左辺どうしと右辺どうしを足し合わせて，作用・反作用の法則から

$$\vec{F}_{21} + \vec{F}_{12} = -\vec{F}_{12} + \vec{F}_{12} = 0$$

が成り立つことを用いると，

$$\frac{d\vec{p}_1}{dt} + \frac{d\vec{p}_2}{dt} = \vec{F}_{21} + \vec{F}_{12} = 0$$

$$\frac{d}{dt}(\vec{p}_1 + \vec{p}_2) = 0 \tag{8.12}$$

を得ることができる。

式 (8.12) は，互いに力を及ぼし合って運動する 2 つの質点の運動量の和が，時間によらず一定であることを示している。式 (8.6) ですでに計算したように，外力を受けない質点系の中に質点が 3 つ以上ある場合も，質点どうしが互いに及ぼし合うすべての内力の和は 0 なので，上記の計算は同様に成り立つ。このように，外力を受けない質点系において，すべての質点の運動量の和は時間によらず必ず一定になる。この法則を，**運動量保存則**とよぶ。

定理 8.1（運動量保存則） 質量がそれぞれ m_1, m_2, $\cdots$, m_n, 速度がそれぞれ v_1, v_2, $\cdots$, v_n で運動する，n 個の質点からなる質点系が外から力を受けないとき，n 個の質点がもつ運動量の和は時間によらず一定である。

$$m_1 v_1 + m_2 v_2 + \cdots + m_n v_n = 一定$$

運動量保存則は運動方程式と作用・反作用の法則から導くことができ，運動方程式も作用・反作用の法則も，力学で扱う力の種類に関係なく成立する。したがって，運動量保存則は保存力，非保存力の区別なく成立する。

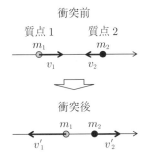

図 8.6 2 つの物体の衝突

図 8.6 のように，質量がそれぞれ m_1, m_2 の 2 つの質点が互いに衝突する場合を考えよう。右向きを速度の正の向きとして，衝突直前の時刻 t_1 における質量 1，2 の速度がそれぞれ $v_1(>0)$, $v_2(<0)$，衝突直後の時刻 t_2 における質量 1，2 の速度がそれぞれ $v_1'(<0)$, $v_2'(>0)$ であったとする。衝突の際に 2 つの質点が接触する時間は $t_2 - t_1$ であり，この短い時間で 2 つの質点は互いに撃力という内力を受ける。運動量保存則は力の種類によらず成り立つので，衝突直前の時刻 t_1 と衝突直後の時刻 t_2 で，2 つの質点がもつ運動量の和は不変である。したがって，次の運動量保存則の式が成り立つ。

$$m_1 v_1 + m_2 v_2 = m_1 v_1' + m_2 v_2' \tag{8.13}$$

例 8.4 静止していた質量 m の物体が，内部にある少量の火薬の爆発によって 2 つに分裂した。質量 $\frac{2}{3} m$ の 1 つの破片が y 軸上の正の向きに沿って，速さ V で飛んだとき，もう 1 つの破片が飛ぶ向きと速さを求めよ。

[解] 2つに分裂した破片はもともと1つの物体として静止していたので，爆発前の2つの破片の運動量の和は0である。また，爆発後に質量 $\frac{2}{3}m$ の1つの破片がもつ運動量 p_1 は $p_1 = \frac{2}{3}mV$ であり，もう1つの質量 $m - \frac{2}{3}m = \frac{1}{3}m$ の破片がもつ速度を v と定義すると，その運動量 p_2 は $p_2 = \frac{1}{3}mv$ と書ける。

よって，爆発の後と前で，2つの破片が満たす運動量保存則は

$$p_1 + p_2 = 0 \quad \rightarrow \quad \frac{2}{3}mV + \frac{1}{3}mv = 0$$

となるので，これより爆発後のもう1つの破片の速度 v は

$$2V + v = 0 \quad \rightarrow \quad v = -2V$$

と求まる。速度がマイナスなので，もう1つの破片が飛んでいく向きは y 軸の負の向きであり，その速さは $\underline{2V}$ である。

8.4 弾性衝突と非弾性衝突

運動量保存則が力の種類に関係なく成り立つのに対して，運動エネルギーは衝突の前後で変わる場合と変わらない場合がある。2つの質点が衝突するとき，衝突の前後で2つの質点がもつ運動エネルギーの和が変化しない衝突を，**弾性衝突**とよぶ。一方，衝突の前後で運動エネルギーの和が変化する衝突を，**非弾性衝突**とよぶ。身近に見られる多くの衝突は，非弾性衝突である。これらの衝突を詳しく説明しよう。

引き続き，図8.6のように，衝突直前の速度がそれぞれ $v_1(>0)$，$v_2(<0)$，衝突直後の速度がそれぞれ $v_1'(<0)$，$v_2'(>0)$ であった場合を考える。このとき，衝突直前の相対速度 $(v_1 - v_2)$ に対する，衝突直後の相対速度 $(v_1' - v_2')$ の比の値にマイナスをつけた値 e のことを，**反発係数**，または**はね返り係数**とよぶ。

公式 8.5（反発係数 e の公式）

$$e = -\frac{v_1' - v_2'}{v_1 - v_2}$$

反発係数は，衝突におけるはね返りの度合いを表す量である。物体がはね返るとき，衝突後の速さが衝突前の速さよりも大きくなることはないので，e は $0 \leqq e \leqq 1$ の範囲に限られる。

反発係数の値は物体や壁の材質などによって決まり，衝突する速さにはほとんど関係しない。上記で説明した弾性衝突は $e = 1$ の場合に対応し，非弾性衝突は $0 \leqq e < 1$ の場合に対応する。また，非弾性衝突の中でも $e = 0$ の場合の衝突を，**完全非弾性衝突**とよぶ。公式8.5によると，$e = 0$ になるのは衝突後の2つの質点の速度が，$v_1' - v_2' = 0 \rightarrow v_1' = v_2'$ となり互いに等しくなることを意味する。すなわち，非弾性衝突した2つの物体は，ともに同じ速度で一体となって運動する。

例 8.5　図のように，質量 m_1，速度 v_0 の小球Aが，静止している質量 m_2 の小球Bに正面衝突した。AとBの間の反発係数（はね返り係数）を e として，以下の問いに答えよ。

(1) 衝突後のA，Bそれぞれの速度 v_1，v_2 を求めよ。

(2) 衝突後にAがはね返るのは，m_1，m_2，e の間にどのような関係が成り立つときか。

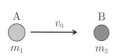

(3) 衝突の際に，A，B間に働く力積の大きさを求めよ。

[解] (1) 正面衝突なので，1 方向の運動だけを考えればよい。A から B の向きを速度の正の向きにとると，運動量保存則により衝突の前後で

$$m_1 v_0 + m_2 \cdot 0 = m_1 v_1 + m_2 v_2 \quad \rightarrow \quad m_1 v_0 = m_1 v_1 + m_2 v_2$$

が成り立つ。また，この場合の反発係数 e は

$$e = -\frac{v_1 - v_2}{v_0 - 0} = -\frac{v_1 - v_2}{v_0}$$

となるので，この式を変形した $v_2 = v_1 + ev_0$ を運動量保存則の式に代入すると，

$$m_1 v_0 = m_1 v_1 + m_2(v_1 + ev_0) \quad \rightarrow \quad m_1 v_0 = (m_1 + m_2)v_1 + m_2 ev_0$$

$$\rightarrow \quad v_1 = \frac{(m_1 - m_2 e)v_0}{m_1 + m_2}$$

また，この v_1 を $v_2 = v_1 + ev_0$ に代入すると，

$$v_2 = \frac{(m_1 - m_2 e)v_0}{m_1 + m_2} + ev_0 = \frac{m_1 v_0 - m_2 ev_0 + m_1 ev_0 + m_2 ev_0}{m_1 + m_2}$$

$$\rightarrow \quad v_2 = \frac{(1 + e)m_1 v_0}{m_1 + m_2}$$

(2) 衝突後に $v_1 < 0$ となれば，A ははね返る。(1) の v_1 の結果から，v_1 が負となる条件は $m_1 - m_2 e < 0$ である。よって，A がはね返る条件は次の場合である。

$$m_1 < m_2 e \quad \rightarrow \quad e > \frac{m_1}{m_2}$$

(3) A，B 間の力積の大きさを I とする。I は例えば A の衝突前後の運動量の変化量に等しいので，A の運動量の変化の大きさは，$I = |m_1 v_0 - m_1 v_1|$ と表せる。この式に，(1) の v_1 の結果を代入すると，

$$I = \left| m_1 v_0 - m_1 \frac{(m_1 - m_2 e)v_0}{m_1 + m_2} \right| = \left| \frac{m_1(m_1 + m_2)v_0 - m_1(m_1 - m_2 e)v_0}{m_1 + m_2} \right|$$

$$= \left| \frac{(1 + e)m_1 m_2 v_0}{m_1 + m_2} \right| = \frac{(1 + e)m_1 m_2}{m_1 + m_2} v_0$$

章末問題 8

8.1　水平面上に静止している 100 g の木製ブロック
に，12 g の弾丸を命中させたところ，命中後に弾丸
がめり込んだブロックが静止するまで 7.5 m 移動し
た。ブロックと水平面との間の動摩擦係数を 0.65 と
すると，衝突直前の弾丸の速さはいくらか。ただし，
重力加速度の大きさを $g = 9.8 \text{ m/s}^2$ とする。

8.2　図のように，なめらかな水平面上に質量がそれ
ぞれ $2m$，m の小球 A，B を静止させ，A を B の方
へ速度 v で滑らせた。A は B に正面衝突し，衝突後
の B は速度 v を得て，水平面につながったなめらか
な斜面上を滑り上がった後，下りてきて水平面上の
A と 2 回目の正面衝突をした。

(1)　1 回目の衝突直後の A の速さはいくらか。

(2)　A と B の間の反発係数はいくらか。

(3)　1 回目の衝突で，A と B の間に働く力積の大
きさはいくらか。

(4)　2 回目の衝突直後の，A と B の速さと向きを
求めよ。

8.3　はかりの上に乗った箱に，高さ h から飴を静か
に落としていく。はかりの目盛りは質量の単位で表
示され，箱が空のときの読みは 0 である。飴 1 個の
質量を m，飴を落とす割合を R（飴/秒），重力加速度
の大きさを g，飴とはかり，飴と飴の衝突は完全非
弾性衝突であるとする。飴を落とし始めたときの時
刻を 0 として，以下の問いに答えよ。

(1)　t 秒後に，はかりに乗っている飴の数は何
個か。

(2)　t 秒後に，はかりに乗っている飴の質量の合
計はいくらか。

(3)　t 秒後に，飴の重心が受ける垂直抗力を求
めよ。

(4)　1 個の飴がはかりに衝突する直前の，飴の運
動量の大きさを求めよ。

(5)　落下してきた飴を止めるために，はかりから
飴に加えられる力の大きさの平均値を求めよ。

(6)　はかりから飴に加えられる力の大きさの平均
値を考慮して，t 秒後のはかりの読みを求めよ。

力のモーメントと角運動量

これまでは物体を，大きさと形を無視した質点として扱うことで，運動の計算を簡単化してきた。しかし，現実の物体は様々な大きさや形をもつ。丸い球体は転がりやすく，四角い箱は転がりにくいように，現実の物体はこれまでの質点とは異なり，自身がある軸のまわりで向きを変える，回転運動という概念をもつのである。本章では，物体の回転運動を考えるうえで重要となる「力のモーメント」と「角運動量」という2つの物理量について学ぼう。

9.1 ベクトル積

本章の物理に入る前に，ここでもう1つだけ数学の基礎となるテクニックを学んでおこう。ベクトルの内積(スカラー積)についてはすでに学んだが，ベクトルどうしのもう1つの積として，**外積(ベクトル積)**とよばれる計算がある。ベクトルの外積は特に回転運動を扱ううえで，物理法則の数式をまとめる際に必要不可欠な計算である。

x, y, z の3つの直交軸で定義された3次元空間で，2つのベクトル $\vec{A} = (A_x, A_y, A_z)$ と $\vec{B} = (B_x, B_y, B_z)$ を考える。このとき，2つのベクトルの外積は次の公式により計算する。

公式 9.1（外積の公式）

$$\vec{A} \times \vec{B} = (A_y B_z - A_z B_y,\ A_z B_x - A_x B_z,\ A_x B_y - A_y B_x)$$

また，$\vec{A}$ と $\vec{B}$ が図 9.1 のような2本の矢印で描けるとき，これらの間の角度を θ とおくと，$\vec{A}$ と $\vec{B}$ の外積であるベクトルの大きさ $|\vec{A} \times \vec{B}|$ は，次の公式により計算できる*。

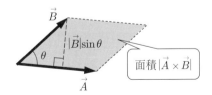

図 9.1 2つのベクトルの外積

---

* 「内積」の結果はスカラー(1つの数字)で求まるが，「外積」の結果はベクトルで求まる。そのため，内積のことを「スカラー積」，外積のことを「ベクトル積」とよぶ。

公式 9.2（外積の大きさの公式） ────────────────

$$|\vec{A} \times \vec{B}| = |\vec{A}|\,|\vec{B}|\sin\theta$$

────────────────────────────

　ここで，図 9.1 のように，$\vec{A}$ と $\vec{B}$ の 2 つのベクトルを隣り合う 2 辺とした平行四辺形を考えよう。このとき，$|\vec{A}|$ と $|\vec{B}|\sin\theta$ はそれぞれ，平行四辺形の底辺と高さに等しいので，$|\vec{A} \times \vec{B}|$ の値は平行四辺形の面積に等しくなる。

　外積を計算するためには上記の公式を覚える必要があるが，特に成分表示を使った外積の公式は複雑である。そこで，この公式を覚えていなくても外積を計算するテクニックがあるので，例 9.1 でその方法を解説する。

例 9.1　2 つのベクトル $\vec{A} = (2, -1, 1)$ と $\vec{B} = (1, 3, 2)$ の外積を計算せよ。

　[解]　図のように，$\vec{A}$ の列の左から $\vec{A}$ の x, y, z, x 成分の数字を順に書き，$\vec{B}$ の列の左から $\vec{B}$ の x, y, z, x 成分の数字を順に書く。x と y，y と z，z と x の間の 3 つの各空間に，それぞれたすき掛けで上向きに 2 本の矢印を描き，これらの矢印の左と右の始点をそれぞれ，「$-$」，「$+$」と表記する。

$$
\begin{array}{cccc}
 & x & y & z & x \\
\vec{A} & 2 & -1 & 1 & 2 \\
\vec{B} & 1 & 3 & 2 & 1 \\
\end{array}
$$

$$
\begin{array}{ccc}
2 \times 3 - (-1) \times 1 & -1 \times 2 - 1 \times 3 & 1 \times 1 - 2 \times 2 \\
= 7 & = -5 & = -3 \\
z\,\text{成分} & x\,\text{成分} & y\,\text{成分}
\end{array}
$$

　ここで，例えば x と y の間の空間に描かれた 2 本の矢印は，「2 と 3 をかけた値から -1 と 1 をかけた値を引く」ことを示しており，この計算から外積の z 成分が求まる。

$$z\,\text{成分} = 2 \times 3 - (-1) \times 1 = 6 + 1 = 7$$

同様に，y と z の間の空間に描かれた矢印からは x 成分が，z と x の間の空間に描かれた矢印からは y 成分が求まるので，次のようになる。

$$x\,\text{成分} = -1 \times 2 - 1 \times 3 = -2 - 3 = -5$$
$$y\,\text{成分} = 1 \times 1 - 2 \times 2 = 1 - 4 = -3$$

よって，$\vec{A}$ と $\vec{B}$ の外積は次のように求まる。

$$\vec{A} \times \vec{B} = \underline{(-5, -3, 7)}$$

　また，ベクトル $\vec{A} = (A_x, A_y, A_z)$ に対して，平行，または反平行の向きをもつベクトル $\vec{C}$ は，任意の定数 c を用いて $\vec{C} = c(A_x, A_y, A_z)$ と書くことができる*。このとき，$\vec{A}$ と $\vec{C}$ の外積は次のように計算できる。

$$\vec{A} \times \vec{C} = c(A_y A_z - A_z A_y,\ A_z A_x - A_x A_z,\ A_x A_y - A_y A_x) = (0, 0, 0)$$

────────────────

*　互いに同じ向きのことを「平行」，互いに逆向きのことを「反平行」とよぶ。

よって，互いに平行，または反平行の関係にある2つのベクトルの外積は，すべての成分が0である。

9.2 力のモーメント

空き缶が坂道を転がる，プロペラが回転軸を中心に回る，立っていた棒が地面に向かって倒れるなど，これらの物理現象はすべて物体がある軸のまわりで向きを変える回転運動である。物体が回転するということは，その物体を回転させる原因となるものが，その物体に働いていることを意味する。このように，物体がある回転軸のまわりで回転するとき，物体を回転させる原因となるものの能力の度合いを**力のモーメント（トルク）**とよぶ。

力のモーメントの単位は「N·m」を用いる。力のモーメントとは言い換えれば，「物体を回転運動させる力に相当する量」であり，力のモーメントを受けた物体は回転軸のまわりを時計回り，または反時計回りに回転しようとする*。

図9.2のように，点Oから$\vec{r}$の位置に$\vec{F}$の力が働くとき，力のモーメントを$\vec{N}$とおくと，$\vec{N}$は次式のように，位置$\vec{r}$と力$\vec{F}$の外積により求まる。

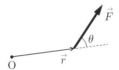

図9.2 力のモーメントを生じさせる位置ベクトル$\vec{r}$と力$\vec{F}$

公式9.3（力のモーメント）

$$\vec{N} = \vec{r} \times \vec{F}$$

したがって，2つのベクトル$\vec{r}$と$\vec{F}$の間の角度がθであれば，力のモーメントの大きさNは次式より求められる。

$$\left|\vec{N}\right| = N = \left|\vec{r}\right|\left|\vec{F}\right|\sin\theta = rF\sin\theta$$

図9.2の場合，力のモーメント$\vec{N}$を受けた物体はOを中心に，反時計回りに回転する。

例9.2 一端Oが固定された，長さ1.0 mの棒がある。図(a)のように，棒の他端Pに4.0 Nの力を加えたとき，支点Oに関する力のモーメントの大きさを求めよ。

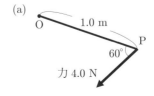

---

*　直線運動では力を受けた物体が直線上を運動し始めるが，回転運動の場合は力ではなく，力のモーメントを受けたときに物体は回転を始める。そのため，力のモーメントは回転運動の場合の力に相当する量であり，「回転力」とよばれることもある。

［解］ 支点 O からみた P の位置を $\vec{r}$ とし，P に加えた力を $\vec{F}$ とおくと，$\vec{r}$ と $\vec{F}$ の間の角度 θ は，図 (b) のように $\theta = 180° - 60° = 120°$ となる。よって，支点 O に関する力のモーメントの大きさ N は，

$$N = \left| \vec{r} \times \vec{F} \right| = rF \sin 120° = 1.0 \times 4.0 \times \frac{\sqrt{3}}{2} = \underline{2.0\sqrt{3} \text{ N} \cdot \text{m}}$$

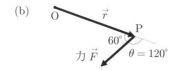

9.2.1 力のモーメントのつり合い

1 つの質点とみなした物体に $\vec{F}_1, \vec{F}_2, \cdots, \vec{F}_N$ の N 個の力が同時に働くとき，これらの力がつり合う条件は，

$$\sum_{i=1}^{N} \vec{F}_i = 0$$

である。このようなつり合いの条件は，力のモーメントに対しても同様に成り立つ。

図 9.3 のように，ある大きさと形をもつ 1 つの物体（剛体）が回転軸 O のまわりで回転する能力をもっている場合を考える。静止しているこの物体の N 個の位置 $\vec{r}_1, \vec{r}_2, \cdots, \vec{r}_N$ にそれぞれ，$\vec{F}_1, \vec{F}_2, \cdots, \vec{F}_N$ の力が同時に働くとき，物体が時計回りにも反時計回りにも回転しない条件は，次式のように書ける。

$$\sum_{i=1}^{N} \vec{N}_i = \sum_{i=1}^{N} \left(\vec{r}_i \times \vec{F}_i \right) = 0 \tag{9.1}$$

ここで，$\vec{N}_i$ は位置 $\vec{r}_i$ に働く力のモーメントであり，この条件を**力のモーメントのつり合い**とよぶ*。

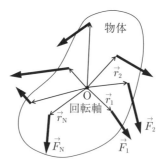

図 9.3 力のモーメントのつり合い

9.2.2 てこの原理

図 9.4 のように，質量がそれぞれ m_A，m_B の小物体 A，B を固定した軽い棒が，支点 O で支えられている場合を考えよう。O から A，B までの距離をそれぞれ，r_A，r_B とおく

---

* 厳密には，物体に働く力のモーメントがつり合っているとき，回転軸 O のまわりで回転する物体の角加速度が 0 になる。すなわち，物体に働く力のモーメントがつり合っていても，角速度は一定の値をもっていてよく，必ずしも物体が静止するとは限らないことに注意する。

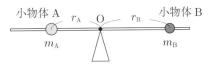

図 9.4 てこの原理

と，次式を満たす場合に棒が水平につり合うことが知られている。この原理を**てこの原理**
とよぶ。

公式 9.4（てこの原理）

$$r_A m_A = r_B m_B$$

この原理を，力のモーメントのつり合いの式 (9.1) から導いてみよう。

図 9.5 のように，支点 O に対する小物体 A，B の位置をそれぞれ，$\vec{r}_A$，$\vec{r}_B$ とし，A，
B に下向きに働く重力をそれぞれ，$\vec{F}_A$，$\vec{F}_B$ とおく。また，重力加速度の大きさを g と
する。

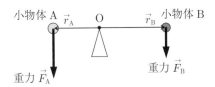

図 9.5 てこの原理における力のモーメントのつり合い

いま，$\vec{r}_A$ と $\vec{F}_A$ は互いに直角で，2 つのベクトルの間の角度は $\theta = 90°$ と書けるので，
A に働く重力が棒を反時計回りに回転させようとする力のモーメントの大きさ N_A は，次
のようになる。

$$N_A = \left| \vec{r}_A \times \vec{F}_A \right| = r_A F_A \sin 90° = r_A F_A = r_A m_A g$$

また，$\vec{r}_B$ と $\vec{F}_B$ の間の角度も $\theta = 90°$ と書けるので，B に働く重力が棒を時計回りに回
転させようとする力のモーメントの大きさ N_B は，次のようになる。

$$N_B = \left| \vec{r}_B \times \vec{F}_B \right| = r_B F_B \sin 90° = r_B F_B = r_B m_B g$$

ここで，支点 O を中心に時計回りの力のモーメントを正，反時計回りの力のモーメント
を負と定義すると，棒に働く 2 つの力のモーメントがつり合う条件は，次の関係を満たす。

$$-N_A + N_B = -r_A m_A g + r_B m_B g = 0$$
$$r_A m_A g = r_B m_B g$$

この式の両辺を g で割れば，てこの原理の式を導くことができる。

$$r_A m_A = r_B m_B$$

例 9.3 図 (a) のように，点 O を支点とする軽い棒に，質量 4.0 kg のおもり A と質量 6.0 kg
のおもり B が固定されている。棒は水平につり合って静止しており，このとき支点 O から A
までの距離は 3.0 m である。重力加速度の大きさを 9.8 m/s² として，以下の問いに答えよ。

(a)

(1) 点 O に関しておもり A が及ぼす力のモーメントの大きさを求めよ。

(2) 点 O からおもり B までの距離を求めよ。

[解] (1) 図 (b) のように，おもり A，B に働く重力をそれぞれ，$\vec{F}_\mathrm{A}$，$\vec{F}_\mathrm{B}$ とおく。重力加速度の大きさを $g = 9.8 \text{ m/s}^2$ とおくと，おもり A に働く重力の大きさ F_A は，

$$F_\mathrm{A} = m_\mathrm{A}g = 4.0 \times 9.8 = 39.2 \text{ N}$$

おもり B に働く重力の大きさ F_B は，

$$F_\mathrm{B} = m_\mathrm{B}g = 6.0 \times 9.8 = 58.8 \text{ N}$$

となり，ともに鉛直下向きの力である。

また，支点 O からみた A の位置を $\vec{r}_\mathrm{A}$ とおくと，$\vec{r}_\mathrm{A}$ と $\vec{F}_\mathrm{A}$ の間の角度は $90°$ なので，A が及ぼす力のモーメントの大きさ N_A は，次のように求まる。

$$N_\mathrm{A} = \left| \vec{r}_\mathrm{A} \times \vec{F}_\mathrm{A} \right| = r_\mathrm{A} F_\mathrm{A} \sin 90° = 3.0 \times 39.2 \times 1 = 117.6 \fallingdotseq \underline{1.2 \times 10^2 \text{ N} \cdot \text{m}}$$

(b)

(2) 支点 O からみたおもり B の位置を $\vec{r}_\mathrm{B}$ とおくと，$\vec{r}_\mathrm{B}$ と $\vec{F}_\mathrm{B}$ の間の角度も $90°$ なので，B が O のまわりに及ぼす力のモーメントの大きさ N_B は次式のようになる。

$$N_\mathrm{B} = \left| \vec{r}_\mathrm{B} \times \vec{F}_\mathrm{B} \right| = r_\mathrm{B} F_\mathrm{B} \sin 90° = r_\mathrm{B} \times 58.8 \times 1 = 58.8 \, r_\mathrm{B}$$

ここで，O に関して時計回りの力のモーメントを正とする。おもり A に働く力のモーメント $\vec{N}_\mathrm{A}$ と，B に働く力のモーメント $\vec{N}_\mathrm{B}$ のつり合いの条件 $\vec{N}_\mathrm{A} + \vec{N}_\mathrm{B} = 0$ から，O から B までの距離 r_B は次のように求まる。

$$-N_\mathrm{A} + N_\mathrm{B} = -118 + 58.8 \, r_\mathrm{B} = 0$$

$$r_\mathrm{B} = \frac{118}{58.8} \fallingdotseq \underline{2.0 \text{ m}}$$

9.3 角 運 動 量

すでに学んだように，「運動量」とは直線運動する物体の勢いの度合いを表す量である。運動する物体の質量を m，物体の速度を $\vec{v}$ とおくと，この物体の運動量 $\vec{p}$ は，次式より求められる。

$$\vec{p} = m\vec{v} \tag{9.2}$$

一方で，ある回転軸のまわりで回転運動する物体の勢いの度合いを表す量を，**角運動量** とよぶ。角運動量の単位は「J・s」，または「kg・m²/s」を用いる。

図 9.6　点 O を中心に回転運動する物体

　図 9.6 のように，点 O から $\vec{r}$ の位置にある質量 m の物体が，速度 $\vec{v}$ で回転運動している場合を考えよう。この物体の角運動量を $\vec{L}$ とおくと，$\vec{L}$ は次の公式より計算することができる。

公式 9.5（角運動量の公式）

$$\vec{L} = \vec{r} \times \vec{p} \tag{9.3}$$

　ここで，$\vec{p}$ はこの物体の運動量であり，式 (9.2) を式 (9.3) に代入すると，角運動量 $\vec{L}$ は次式のようになる。

$$\vec{L} = \vec{r} \times m\vec{v} = m\vec{r} \times \vec{v} \tag{9.4}$$

9.3.1　等速円運動する物体の角運動量

　最も簡単な回転運動として，等速円運動する物体の角運動量を考えよう。図 9.7 のように，点 O から $\vec{r}$ の位置にある質量 m の物体が，一定の速度 $\vec{v}$，半径 $r = |\vec{r}|$ で O を中心に等速円運動している場合を考える。この場合，$\vec{r}$ と $\vec{v}$ の間の角度は $90°$ なので，式 (9.4) よりこの物体の角運動量の大きさ L は次のように計算できる。

$$L = |\vec{L}| = |m\vec{r} \times \vec{v}| = mrv \sin 90° = rmv \tag{9.5}$$

　ここで，物体の角速度を ω と定義しよう*。等速円運動する物体の速さ v と ω は，

$$v = r\omega \tag{9.6}$$

という関係を満たすので，この式 (9.6) を式 (9.5) に代入すると，等速円運動する物体の角運動量の大きさ L は次式のようになる。

$$L = rmv = rm \cdot r\omega = mr^2\omega \tag{9.7}$$

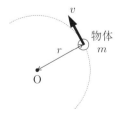

図 9.7　半径 r で等速円運動する物体

---

*　単位時間（1 s）あたりに回転する角度（rad）のことを，**角速度**とよぶ。

例 9.4 図のように，質量 3.0 kg の物体が，点 O を中心とする半径 0.50 m の円周上を一定の速さ 2.0 m/s で等速円運動している。このとき，以下の問いに答えよ。

(1) 物体の運動量の大きさを求めよ。

(2) 点 O に対する物体の角運動量の大きさを求めよ。

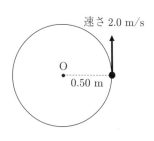

[解] (1) 物体の質量を $m = 3.0$ kg，速さを $v = 2.0$ m/s とおくと，物体の運動量の大きさ p [kg·m/s] は次のように求まる。

$$p = mv = 3.0 \times 2.0 = \underline{6.0 \text{ kg} \cdot \text{m/s}}$$

(2) 円運動の半径を $r = 0.50$ m とおくと，点 O に対する物体の角運動量の大きさ L は次のように求まる。

$$L = rmv = 0.50 \times 3.0 \times 2.0 = \underline{3.0 \text{ J} \cdot \text{s}}$$

9.3.2 面積速度

物体の回転運動を議論するうえで，力のモーメント，角運動量に続いてもう 1 つの重要な物理量について学ぼう。

点 O を中心に，半径 r で円運動する物体を考える。図 9.8 で示すように，微小時間 Δt の間に r が通り過ぎた面積を ΔS と定義するとき，次式で定義される $\frac{dS}{dt}$ のことを，**面積速度**とよぶ。

$$\frac{dS}{dt} = \lim_{\Delta t \to 0} \frac{\Delta S}{\Delta t}$$

すなわち面積速度とは，円運動する物体と円運動の中心を結ぶ線分が，単位時間 (1 s) あたりに通過する面積 (m^2) のことであり，その単位は「m^2/s」を用いる。

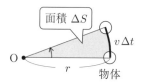

図 9.8 微小時間 Δt あたりに回転した面積

ここで，面積速度と角運動量の関係について押さえておこう。先ほどと同様に，点 O を中心に半径 r，速さ v で円運動する物体を考える。このとき，図 9.8 で示される扇形の弧の長さは，Δt を微小時間として，$v \Delta t$ と書くことができる*。いま，$v \Delta t$ の長さは微小なので，この扇形を底辺 r，高さ $v \Delta t$ の直角三角形とみなそう。このとき，扇形の面積 ΔS は，近似的に次式のように書ける。

$$\Delta S \fallingdotseq \frac{1}{2} rv \, \Delta t = \frac{1}{2} r \cdot r\omega \, \Delta t = \frac{1}{2} r^2 \omega \, \Delta t$$

よって，半径 r で円運動する物体の面積速度 $\frac{dS}{dt}$ は，次式のようになる。

---

* 微小時間 Δt の間の物体の移動経路は，本来なら円周に沿った曲線 (弧) であるが，いまはこの経路が非常に短いので，ほぼ直線になるものとみなす。このような近似で，図 9.8 の扇形の弧の長さは直線距離 $v \Delta t$ とみなすことができる。

$$\frac{dS}{dt} = \lim_{\Delta t \to 0} \frac{\Delta S}{\Delta t} = \lim_{\Delta t \to 0} \frac{1}{2} r^2 \omega = \frac{1}{2} r^2 \omega \left(= \frac{1}{2} rv \right) \tag{9.8}$$

ここで，式 (9.7) より，この物体の角運動量の大きさ L を次のように変形しよう。

$$L = mr^2 \omega = 2m \cdot \frac{1}{2} r^2 \omega \tag{9.9}$$

また，式 (9.8) より，この物体の面積速度は $\frac{dS}{dt} = \frac{1}{2} r^2 \omega$ で書けるので，これを式 (9.9) に代入すると，角運動量 L と面積速度 $\frac{dS}{dt}$ の間には，$2m$ を比例定数とした次のような比例関係が成り立つ。

公式 9.6（角運動量と面積速度の関係）

$$L = 2m \frac{dS}{dt} \tag{9.10}$$

例 9.5 半径 15 m の円周上を，質量 60 kg のバイクが時速 72 km で等速円運動している。
(1) 円の中心に対するバイクの面積速度を求めよ。
(2) 円の中心に対するバイクの角運動量の大きさを求めよ。

[解] (1) バイクの速度 v を km/h から m/s に計算し直すと，次のようになる。

$$v = 72 \text{ km/h} = \frac{72 \text{ km}}{1 \text{ h}} = \frac{72 \times 1000 \text{ m}}{60 \times 60 \text{ s}} = 20 \text{ m/s}$$

また，回転運動の半径を $r = 15$ m とすると，円の中心に対するバイクの面積速度 $\frac{dS}{dt}$ は，次のように求まる。

$$\frac{dS}{dt} = \frac{1}{2} \times r \times v = \frac{1}{2} \times 15 \times 20 = 150 = \underline{1.5 \times 10^2 \text{ m}^2/\text{s}}$$

(2) バイクの質量を $m = 60$ kg とおく。(1) で求めた面積速度から，バイクの角運動量の大きさ L は次のように求まる。

$$L = 2m \frac{dS}{dt} = 2 \times 60 \times 1.5 \times 10^2 = 18000 = \underline{1.8 \times 10^4 \text{ J} \cdot \text{s}}$$

9.4 角運動量保存則

直線運動する物体の運動量保存則についてはすでに学んだ通りであるが，回転運動する物体の角運動量も同様に保存則をもつ。ここではまず，力のモーメントと角運動量の間に成り立つ関係式を導出した後で，この関係式を用いて角運動量保存則が成り立つことを証明しよう。

9.4.1 角運動量と力のモーメントの関係

角運動量の式 (9.3)$(\vec{L} = \vec{r} \times \vec{p})$ の両辺を時間 t で微分すると，次のようになる。

$$\frac{d\vec{L}}{dt} = \frac{d}{dt}(\vec{r} \times \vec{p}) = \frac{d\vec{r}}{dt} \times \vec{p} + \vec{r} \times \frac{d\vec{p}}{dt} \tag{9.11}$$

この式 (9.11) に，運動量の式 (9.2)$(\vec{p} = m\vec{v})$ を代入すると，

$$\frac{d\vec{L}}{dt} = \frac{d\vec{r}}{dt} \times m\vec{v} + \vec{r} \times \left(m\frac{d\vec{v}}{dt} \right) \tag{9.12}$$

となる。

　ここで，速度 $\vec{v}$ と位置 $\vec{r}$ は，$\vec{v} = \frac{d\vec{r}}{dt}$ という関係を満たすので，これを式 (9.12) の右辺第 1 項に代入すると，次のように 0 になる。

$$\frac{d\vec{r}}{dt} \times m\vec{v} = \vec{v} \times m\vec{v} = m(\vec{v} \times \vec{v}) = 0 \tag{9.13}$$

　また，質量 m の物体に働く力を $\vec{F}$ とおくと，この物体に成り立つ運動方程式

$$m\frac{d^2\vec{r}}{dt^2} = \vec{F}$$

は，次のように変形することができる。

$$m\frac{d^2\vec{r}}{dt^2} = m\frac{d}{dt}\left(\frac{d\vec{r}}{dt}\right) = m\frac{d}{dt}\vec{v} = m\frac{d\vec{v}}{dt} = \vec{F} \tag{9.14}$$

ここで，式 (9.12) の第 1 項，第 2 項にそれぞれ，式 (9.13)，式 (9.14) の結果を代入すると，角運動量の時間微分 $(\frac{d\vec{L}}{dt})$ は次のような式になる。

$$\frac{d\vec{L}}{dt} = 0 + \vec{r} \times \left(m\frac{d\vec{v}}{dt}\right) = \vec{r} \times \vec{F} \tag{9.15}$$

さらに，物体に働く力のモーメントは $\vec{N} = \vec{r} \times \vec{F}$ より求まることを用いれば，次式を得ることができる。

公式 9.7（角運動量と力のモーメントの関係）

$$\frac{d\vec{L}}{dt} = \vec{N}$$

　このように，回転運動する物体の角運動量を時間微分した物理量は，力のモーメントに等しい。これは，直線運動する物体において，運動量を時間で微分した物理量が力に等しい関係 $(\frac{d\vec{p}}{dt} = \vec{F})$ とよく似ている。

9.4.2　角運動量保存則

　角運動量と力のモーメントの関係（公式 9.7）を用いて，角運動量保存則を導出しよう。

　点 O に向かう力 $\vec{F}$ を常に受けながら，O を中心に回転運動する物体を考える。O からみた物体の位置を $\vec{r}$ とおくと，図 9.9 に示すように，$\vec{r}$ と $\vec{F}$ は常に反平行の関係にあるので，

$$\vec{r} \times \vec{F} = 0$$

が成り立つ。これを式 (9.15) の右辺に代入すると，角運動量の時間微分は次のようになる。

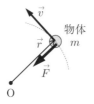

図 9.9　円運動する物体の位置，速度，力のベクトル

$$\frac{d\vec{L}}{dt} = \vec{N} = \vec{r} \times \vec{F} = 0$$

このように，ある回転軸を中心に回転運動する物体の角運動量 $\vec{L}$ は，時間 t によらず一定であり，この法則を**角運動量保存則**とよぶ。

> **定理 9.1（角運動量保存則）** 物体がある1つの支点に向かう力を常に受けながら回転運動するとき，その物体の角運動量は時間によらず一定である。

章末問題9

9.1 図のように，2つのベクトル $\vec{A}$, $\vec{B}$ がある。$\vec{A}$ と $\vec{B}$ の間の角度は $\frac{\pi}{6}$ であり，$\vec{A}$ の大きさは $|\vec{A}| = 4$，$\vec{B}$ の大きさは $|\vec{B}| = 2\sqrt{3}$ である。このとき，以下の問いに答えよ。

(1) 2つのベクトルの内積 $\vec{A} \cdot \vec{B}$ を求めよ。

(2) 2つのベクトルの外積の大きさ $|\vec{A} \times \vec{B}|$ を求めよ。

9.2 2つのベクトル $\vec{A} = (2, 3, 4)$, $\vec{B} = (4, 3, 2)$ がある。これらのベクトル $\vec{A}$, $\vec{B}$ を隣り合う2辺とする，平行四辺形の面積を求めよ。

9.3 図のように，軽い棒の両端 A, B にそれぞれ質量 6.0 kg, 5.0 kg のおもりを吊るし，点 O に糸をつけて鉛直に吊るしたところ，棒は水平につり合って静止した。このとき，点 O から A までの距離は 2.0 m であった。重力加速度の大きさを 9.8 m/s^2 として，以下の問いに答えよ。

(1) A に吊るされたおもりが，点 O のまわりに及ぼす力のモーメントの大きさを求めよ。

(2) 点 O から B までの距離を求めよ。

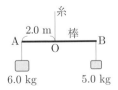

9.4 図のように，質量 1.5 kg の物体が，なめらかな水平面上で，中心 O のまわりに半径 3.0 m，速さ 4.0 m/s で等速円運動をしている。先端が物体につなげられた糸の他端は，中心 O の小穴を通して，下方に引っ張られ固定されている。このとき，以下の問いに答えよ。

(1) 点 O に対する物体の角運動量の大きさを求めよ。

(2) 物体の運動を保ちつつ糸を静かに下方に引き，物体の円運動の半径が 2.0 m になったところで静かに手を止めた。このときの物体の速さを求めよ。

(3) (2) において，物体の面積速度は糸を引く前に比べて，糸を引いた後では大きくなるか，小さくなるか，それとも変わらないか。

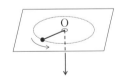

10 剛体の運動

現実の物体は大きさと形をもつので，運動する物体は単純な直線運動に加えて，ある回転軸のまわりでその向きを変える回転運動を伴う。大きさと形を無視して簡単化された物体のことを質点とよぶが，これに対して変形しない大きさと形をもつ物体のことを**剛体**とよぶ。現実の物体は様々な大きさと形をもつので，これらの特徴によって物体が運動の仕方を変えるのであれば，私たちは質点だけでなく，剛体の運動の法則まで正しく理解する必要があるだろう。本章では，大きさと形をもつ，より現実的な物体(剛体)の運動について学ぼう。

10.1 剛体の重心

現実の物体が原子や分子といった無数の粒子から構成されているように，剛体はたくさんの質点が集まったもの(質点系)であるとみなすことができる。このとき，剛体中の質点1つ1つには重力が働くが，これらの重力は合成することで，剛体がもつ1つの重力とみなすことができる。このように，剛体を質点系とみなしたときに重力の和が働く剛体内の作用点のことを，**剛体の重心**とよぶ。

質量 m_1，m_2，$\cdots$，m_N の N 個の質点がそれぞれ，位置 $\vec{r}_1$，$\vec{r}_2$，$\cdots$，$\vec{r}_N$ にあるとき，これらの質点の重心の位置 $\vec{r}_{\mathrm{G}}$ は，次式より求められることをすでに学んだ。

$$\vec{r}_{\mathrm{G}} = \frac{\displaystyle\sum_{i=1}^{N} m_i \vec{r}_i}{\displaystyle\sum_{i=1}^{N} m_i} \tag{10.1}$$

図 10.1 のように，任意の形をした1つの剛体を考えよう。例えば，この剛体を格子状に分割して，N 個の部分に分けた場合を考える。分割数 N を無限に大きくすれば，分割された N 個の部分のそれぞれの体積は限りなく0に近づくので，これらを質点とみなすことができる。すなわち，剛体は N 個の質点の集まりとみなすことができる。

剛体中にある i 番目の質点の質量を Δm_i とし，原点 O からみたこの質点の位置を $\vec{r}_i$ と定義しよう。このとき，重心の位置の式 (10.1) に従えば，剛体内にあるすべて(N 個)の質点の重心の位置を $\vec{r'}_{\mathrm{G}}$ と定義すると，$\vec{r'}_{\mathrm{G}}$ は次のように計算することができる。

$$\vec{r'}_{\mathrm{G}} = \frac{\displaystyle\sum_{i=1}^{N} \Delta m_i \vec{r}_i}{\displaystyle\sum_{i=1}^{N} \Delta m_i}$$

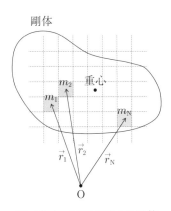

図 10.1 剛体の重心の計算

ここで，N を無限に大きい極限にとると，$\displaystyle\lim_{N\to\infty}\sum_{i=1}^{N}\Delta m_i$ は剛体内の全領域にわたる質量についての積分，$\int dm$ で置き換えることができる。よって，剛体の重心の位置を $\vec{r}_{\mathrm{G}}$ と定義すると，$\vec{r}_{\mathrm{G}}$ は次のように計算できる。

$$\vec{r}_{\mathrm{G}} = \lim_{N\to\infty}\vec{r'}_{\mathrm{G}} = \lim_{N\to\infty}\frac{\displaystyle\sum_{i=1}^{N}\Delta m_i\vec{r}_i}{\displaystyle\sum_{i=1}^{N}\Delta m_i} = \frac{\displaystyle\lim_{N\to\infty}\sum_{i=1}^{N}\Delta m_i\vec{r}_i}{\displaystyle\lim_{N\to\infty}\sum_{i=1}^{N}\Delta m_i} = \frac{\int \vec{r}\,dm}{\int dm}$$

この式で，$\vec{r}$ は O からみた剛体内の任意の位置である。また，剛体の質量を M と定義すると，$M = \int dm$ が成り立つので，剛体の重心の位置を求める式は次のようになる。

公式 10.1（剛体がもつ重心の位置）

$$\vec{r}_{\mathrm{G}} = \frac{\int \vec{r}\,dm}{M}$$

例として，剛体の密度がどの場所でも一様に等しい場合を考えてみよう*。ここで，剛体の密度を ρ とする。

剛体中の適当な位置 $\vec{r}$ にある，無限に小さい1つの部分の体積を dV と定義すると，この微小部分がもつ質量 dm は，$dm = \rho\,dV$ と書くことができる。また，剛体の体積を V とおけば，剛体の質量 M は $M = \rho V$ と書くことができるので，これらを公式 10.1 に代入すれば，密度が一様な剛体の重心の位置は次式のようになる。

$$\vec{r}_{\mathrm{G}} = \frac{\int \vec{r}\,dm}{M} = \frac{\int \vec{r}\cdot\rho\,dV}{\rho V} = \frac{\int \vec{r}\,dV}{V}$$

例 10.1 底面の半径が a，高さが h の一様な円錐の重心が，底面からどれだけの高さに位置するかを求めよ。

[解] 円錐の頂点を原点 O とし，O から底面の中心に向かい x の正の軸をとり，O から底面と平行な向きに y の正の軸をとる。図のように，この円錐の微小な厚さ dx の部分に注目すると，この部分は近似的に，厚さが dx の円柱とみなすことができる。この微小な円柱の体積を dV とおく。

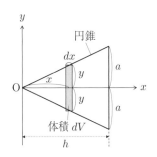

---

* 剛体の密度が場所によらず一様に等しいことを，しばしば「一様な剛体」という表現を使う。「一様な棒」，「一様な円筒」などは，これらの剛体の密度が場所によらず均一であることを示す。

　ここで，y をある位置 x での断面の円の半径とすると，x と y の関係は傾きが $\frac{a}{h}$ の直線グラフなので，$y = \frac{a}{h}x$ が成り立つ。よって，dV は円周率 π を用いて，次のように書くことができる。

$$dV = \pi y^2 dx = \pi \frac{a^2}{h^2} x^2 dx$$

また，円錐の体積は $V = \frac{1}{3}\pi a^2 h$ なので，円錐の重心がある x 座標を x_G と定義すると，x_G は次のように計算できる。

$$x_\mathrm{G} = \frac{\int x\, dV}{V} = \int_0^h x \cdot \pi \frac{a^2}{h^2} x^2 dx \div \frac{1}{3}\pi a^2 h = \frac{\pi a^2}{h^2} \int_0^h x^3 dx \times \frac{3}{\pi a^2 h}$$

$$= \frac{3}{h^3} \cdot \left[\frac{x^4}{4} \right]_0^h = \frac{3}{h^3} \cdot \frac{h^4}{4} = \frac{3}{4}h$$

　したがって，この円錐の重心は底面から高さ $h - \frac{3}{4}h = \underline{\frac{1}{4}h}$ の位置にある。

　また，剛体の密度が一様で，その形が対称的な場合は，幾何学的な中心がその剛体の重心であることが多い。図 10.2 に，剛体の重心が幾何学的な中心に一致する例のいくつかを示す。

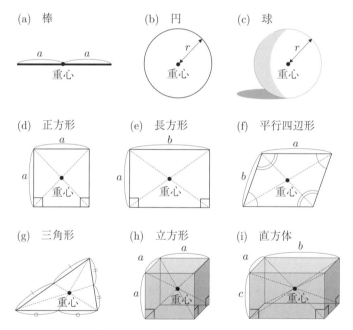

図 10.2　様々な形の剛体の重心

10.2　剛体に働く力の性質

　図 10.3 のように，任意の大きさと形をもつ 1 つの剛体に，力を加える場合を考える。剛体中のある 1 点を O とおくと，O に力 $\vec{F}$ を加えたとき，$\vec{F}$ の矢印の始点のことを力 $\vec{F}$ の作用点とよぶが，作用点 O から $\vec{F}$ の向きに沿って直線を引いたとき，この直線のことを力 $\vec{F}$ の**作用線**とよぶ。このとき，剛体中の作用線上であれば，どこに力 $\vec{F}$ を加えても力が剛体に及ぼす効果は必ず同じになる。

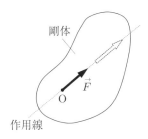

図 10.3 剛体に働く力の作用線

10.2.1 剛体に働く異なる向きの力の合成

図 10.4(a) のように，剛体中の 2 つの異なる点 A と B に，それぞれ方向が異なる 2 つの力 $\vec{F}_A$ と $\vec{F}_B$ を同時に加えた場合を考えよう。

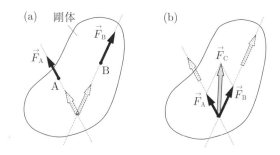

図 10.4 剛体に働く異なる向きの力の合成

剛体に加える力の性質から，$\vec{F}_A$ の力の作用点は，$\vec{F}_A$ の力の作用線上のどこにあっても剛体に及ぼす効果は同じであり，$\vec{F}_B$ の力の作用点も，$\vec{F}_B$ の力の作用線上のどこにあっても剛体に及ぼす効果は同じである。したがって，図 10.4(b) のように，$\vec{F}_A$ と $\vec{F}_B$ の 2 つの作用点を，2 本の作用線の交点で一致させることができる。さらに，2 つの力 $\vec{F}_A$ と $\vec{F}_B$ を隣り合う 2 辺とした平行四辺形を考えると，これらの力は平行四辺形の対角線に沿う矢印の力 $\vec{F}_C = \vec{F}_A + \vec{F}_B$ として合成することができる。このように，剛体の異なる位置に同時に働く複数の力は，1 つの力に合成できるのである。

10.2.2 剛体に働く同じ向きの力の合成

図 10.5 のように，剛体の異なる点 A，B に働く 2 つの力 $\vec{F}_A$，$\vec{F}_B$ の向きが，互いに同じ（平行）である場合を考えよう。この場合，剛体に働く力の合成はやや複雑になる。

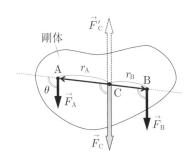

図 10.5 剛体に働く同じ向きの力の合成

$\vec{F}_A$ と $\vec{F}_B$ の向きが互いに同じ場合は，これらの力の作用線も互いに平行で交わらないので，2つの力を平行四辺形の対角線に沿う矢印として合成することができない。そこで，A と B の間の点 C を作用点として，上向きに架空の力 $\vec{F}'_C$ が働いていると仮定しよう。このとき，剛体が直線運動も回転運動もせずに静止するためには，どのような条件を満たせばよいだろうか。

まず，剛体に働く力のつり合いから，

$$F'_C = F_A + F_B$$

が成り立つ。次に，C からみた A，B の位置をそれぞれ $\vec{r}_A$，$\vec{r}_B$ とし，$\vec{r}_A$ と $\vec{F}_A$ の間の角度を θ と定義しよう。剛体が回転しないためには，C のまわりで力のモーメントがつり合っていなければならないので，次の条件を満たす必要がある。

$$r_A F_A \sin \theta = r_B F_B \sin(180° - \theta) \quad \rightarrow \quad r_A F_A \sin \theta = r_B F_B \sin \theta$$

$$\rightarrow \quad \frac{r_B}{r_A} = \frac{F_A}{F_B} \tag{10.2}$$

このとき，C には $\vec{F}'_C$ と同じ大きさで逆向き（下向き）の力が働いているとみなすことができるので，この力を $\vec{F}_C$ と定義しよう。$\vec{F}_C$ は，2つの力 $\vec{F}_A$ と $\vec{F}_B$ を合成した力であると考えることができる。

すなわち，剛体中の異なる点 A，B に，それぞれ2つの同じ向きの力 $\vec{F}_A$，$\vec{F}_B$ を同時に加えたとき，これらの力を合成した力 $\vec{F}_C$ は $\vec{F}_A$，$\vec{F}_B$ と同じ向きに働き，その力の大きさは $F_A + F_B$ である。また，合成した力 $\vec{F}_C$ の作用点 C は，式 (10.2) より，

$$r_A : r_B = F_B : F_A$$

の長さの比を満たす位置にあることがわかる。

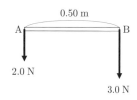

例 10.2　長さ 0.50 m の軽い棒がある。図のように，棒の一端 A に 2.0 N，他端 B に 3.0 N の大きさの力を同じ方向で棒に垂直に加えたとき，以下の問いに答えよ。

(1)　棒に働く2つの力の合力の大きさを求めよ。

(2)　(1) で求めた合力の作用点を C とおくと，AC 間の距離はいくらになるか。

[解]　(1)　A，B に加えた力の大きさをそれぞれ，$F_A = 2.0$ N，$F_B = 3.0$ N とおく。これら2つの力の合力の大きさを F_C とおくと，F_C は次のように求まる。

$$F_C = F_A + F_B = 2.0 + 3.0 = \underline{5.0 \text{ N}}$$

(2)　(1) で求めた合力の作用点 C は，AC と CB の長さの比が

$$AC : CB = F_B : F_A = 3.0 : 2.0$$

となる位置にある。よって，AC 間の距離は次のように求まる。

$$AC = AB \times \frac{F_B}{F_A + F_B} = 0.50 \times \frac{3.0}{2.0 + 3.0} = \underline{0.30 \text{ m}}$$

10.2.3　剛体に働く互いに逆向きの力の合成

図 10.6 のように，剛体の異なる点 A，B に働く2つの力 $\vec{F}_A$，$\vec{F}_B$ の向きが，互いに逆

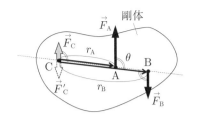

図 10.6　剛体に働く互いに逆向きの力の合成

向き(反平行)である場合を考えよう。

　ここでは，$\vec{F}_A$ が上向きの力，$\vec{F}_B$ が下向きの力であるとする。A，B を通る直線上で，A について B と反対の位置にある点 C を作用点として，下向きに架空の力 $\vec{F}'_C$ が働いていると仮定しよう。このとき，剛体が直線運動も回転運動もせずに静止するためには，どのような条件を満たせばよいだろうか。

　まず，剛体に働く力のつり合いから，

$$F'_C = F_A - F_B$$

が成り立つ。次に，C からみた A，B の位置をそれぞれ $\vec{r}_A$，$\vec{r}_B$ とし，$\vec{r}_A$ と $\vec{F}_A$ の間の角度を θ と定義しよう。剛体が回転しないためには，C のまわりで力のモーメントがつり合っていなければならないので，次の条件を満たす必要がある。

$$r_A F_A \sin\theta = r_B F_B \sin(180° - \theta) \quad \to \quad r_A F_A \sin\theta = r_B F_B \sin\theta$$

$$\to \quad \frac{r_B}{r_A} = \frac{F_A}{F_B} \tag{10.3}$$

このとき，C には $\vec{F}'_C$ と同じ大きさで逆向き(上向き)の力が働いているとみなすことができるので，この力を $\vec{F}_C$ と定義しよう。$\vec{F}_C$ は，2 つの力 $\vec{F}_A$ と $\vec{F}_B$ を合成した力であると考えることができる。

　すなわち，剛体中の異なる位置 A，B に，それぞれ互いに逆方向の 2 つの力 $\vec{F}_A$，$\vec{F}_B$ を同時に加えたとき，これらの力を合成した力 $\vec{F}_C$ は $\vec{F}_A - \vec{F}_B$ の向きに働き，その力の大きさは $F_A - F_B$ である。また，合成した力 $\vec{F}_C$ の作用点 C は，式 (10.3) より，

$$r_A : r_B = F_B : F_A$$

の長さの比を満たす位置にあることがわかる。

10.2.4　偶　　力

　図 10.7 のように，剛体の異なる点 A，B に働く 2 つの力の大きさがともに F で等しく，互いに逆向きである場合を考えよう。このように，剛体に加えられた，互いに逆ベクトルの 2 つの力のことを**偶力**とよぶ。偶力は合成しようとしても，合成した力の作用点の位置が定まらないので，合成することができない。

　ここで，偶力が剛体に及ぼす力のモーメントを計算してみよう。図 10.7 のように，A と B を通る直線上の任意の点を O として，O からみた A，B の位置をそれぞれ $\vec{r}_A$，$\vec{r}_B$ とし，$\vec{r}_A$ と $\vec{F}$ の間の角度を θ と定義する。このとき，O のまわりの力のモーメントの大きさ N は，次のように計算することができる。

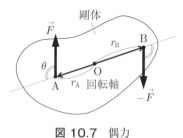

図 10.7 偶力

$$N = r_{\mathrm{A}} F \sin\theta + r_{\mathrm{B}} F \sin\theta = (r_{\mathrm{A}} + r_{\mathrm{B}}) F \sin\theta = r_{\mathrm{AB}} F \sin\theta$$

この式で，$r_{\mathrm{AB}} = r_{\mathrm{A}} + r_{\mathrm{B}}$ は AB 間の距離である。このとき，回転軸 O の位置は直線 AB 上のどこにあってもよく，また A，B の位置はそれぞれ，$\vec{F}$，$-\vec{F}$ の作用線上であればどこにあってもよいので，O の位置は考えている空間のどこにあっても結果は変わらない。

したがって，偶力は剛体に対して

$$N = r_{\mathrm{AB}} F \sin\theta \tag{10.4}$$

の大きさの力のモーメントをもたらすが，これは回転軸の位置にまったく依存しないことがわかる。

10.3 剛体の運動方程式

質点はニュートンの運動の第 2 法則に基づき，力を受けた方向に，力に比例する加速度で運動を行う。これを定式化したものが質点の運動方程式であるが，剛体は質点で無視してきた向き（ある軸のまわりでの回転）の概念をもつので，その運動方程式は質点よりも複雑である。

まず，剛体の運動の仕方には，2 通りの方法があることを押さえておこう。1 つは，剛体が向きを変えずに，その重心のみが移動する運動で，これを**並進運動**とよぶ。もう 1 つは，剛体が重心の位置を変えずに，ある回転軸のまわりで向きを変える運動で，これを**回転運動**とよぶ。一般に，剛体は並進運動と回転運動を同時に行うので，運動方程式はこれら 2 つの運動のそれぞれに対して定式化する必要がある。

図 10.8 のような，任意の形の剛体を考えよう。この剛体を，質量がそれぞれ $m_1, m_2, \cdots, m_N$ の，N 個の質点 $1, 2, \cdots, N$ が集まったもの（質点系）であると考える。このとき，

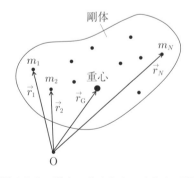

図 10.8 質点の集まりとみなした剛体

この剛体の質量 M は,

$$M = \sum_{i=1}^{N} m_i$$

と書くことができる。

次に,原点 O からみた質点 $1, 2, \cdots, N$ の位置をそれぞれ,$\vec{r}_1, \vec{r}_2, \cdots, \vec{r}_N$ と定義し,N 個の質点の重心の位置を $\vec{r}_G$ と定義しよう。また,剛体中の質点 $1, 2, \cdots, N$ にそれぞれ,力 $\vec{F}_1, \vec{F}_2, \cdots, \vec{F}_N$ が働いているとすると,剛体全体に働く力 $\vec{F}$ は,次のように書ける。

$$\vec{F} = \sum_{i=1}^{N} \vec{F}_i$$

したがって,時刻を t とおくと,剛体の並進運動の運動方程式は次のように書くことができる。

$$\text{並進運動:} \quad M \frac{d^2 \vec{r}_G}{dt^2} = \vec{F} = \sum_{i=1}^{N} \vec{F}_i \tag{10.5}$$

また,剛体がもつ角運動量を $\vec{L}$,剛体に働く力のモーメントの和を $\vec{N}$ とおくと,角運動量と力のモーメントの関係式(公式 9.7)が,回転運動の運動方程式に相当する。したがって,剛体の回転運動の運動方程式は,次のように書くことができる*。

$$\text{回転運動:} \quad \frac{d\vec{L}}{dt} = \vec{N} = \sum_{i=1}^{N} \vec{r}_i \times \vec{F}_i \tag{10.6}$$

10.3.1 剛体のつり合い

剛体の 2 つの運動方程式,式 (10.5) と式 (10.6) の右辺がともに 0 である場合を考えよう。これらはそれぞれ,剛体に働く力の和と力のモーメントの和が 0 になることに相当するので,このとき剛体に働く力はつり合うという。

$$\text{剛体に働く力の合力が 0:} \quad \vec{F} = \sum_{i=1}^{N} \vec{F}_i = 0 \tag{10.7}$$

$$\text{剛体に働く力のモーメントの和が 0:} \quad \vec{N} = \sum_{i=1}^{N} \vec{r}_i \times \vec{F}_i = 0 \tag{10.8}$$

例えば,図 10.9 のように,$\vec{F}_1 = -\vec{F}_2$ を満たす 2 つの力を剛体に加えた場合を考えよう。図 10.9(a) のように,2 つの力の作用点がこれらの力の作用線上にあり,かつこの作

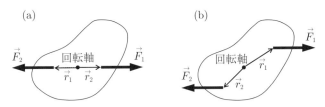

図 10.9 剛体に働く力のつり合い

---

* 質点の場合,運動量 $\vec{p}$ と力 $\vec{F}$ を用いて,その運動方程式は $\frac{d\vec{p}}{dt} = \vec{F}$ と記述できた。回転運動の場合,角運動量 $\vec{L}$ と力のモーメント $\vec{N}$ が,それぞれ直線運動の場合の運動量と力に相当する物理量なので,回転運動の運動方程式は $\frac{d\vec{L}}{dt} = \vec{N}$ となる。

用線が回転軸を通るとき，剛体に働く力のつり合いはどうなるか。

剛体に働く力の合力 $\vec{F}$ は，

$$\vec{F} = \vec{F}_1 + \vec{F}_2 = \vec{F}_1 + (-\vec{F}_1) = 0$$

であり，式 (10.7) の条件を満たす。次に，回転軸のまわりの力のモーメントの和 $\vec{N}$ を考える。回転軸からみた $\vec{F}_1$，$\vec{F}_2$ の作用点の位置をそれぞれ $\vec{r}_1$，$\vec{r}_2$ とおけば，$\vec{F}_1$ と $\vec{r}_1$，$\vec{F}_2$ と $\vec{r}_2$ はともに平行なので，

$$\vec{N} = \vec{r}_1 \times \vec{F}_1 + \vec{r}_2 \times \vec{F}_2 = 0$$

よって，式 (10.8) の条件も満たしている。すなわち，このとき剛体に働く力はつり合っている。

一方，図 10.9(b) のように，2 つの力の作用点がこれらの力の作用線上にない場合，剛体に働く力のつり合いはどうなるか。

この場合も，剛体に働く力の合力は $\vec{F} = \vec{F}_1 + \vec{F}_2 = 0$ であり，式 (10.7) の条件は満たされている。しかし，すでに学んだようにこれら 2 つの力は偶力であり，偶力を加えられた剛体は式 (10.4) で求められる 0 でない力のモーメントをもつ。

$$N = r_{\mathrm{AB}} F_1 \sin\theta \neq 0$$

よって，式 (10.8) の条件は満たさないので，このとき剛体に働く力はつり合わない。

例 10.3　図 (a) のように，長さ 1.5 m，質量 1.0 kg の薄い板が，点 C，D で 2 つの支柱によって水平に支えられている。C と D は，板の左端 A から右端 B までを 3 等分する位置にある。また，D から右に 0.10 m の位置に，質量 0.50 kg のおもりが乗せられており，この状態で板とおもりが静止している。重力加速度の大きさを $9.8\ \mathrm{m/s^2}$ として，点 C，D を支えている支柱が板を上向きに持ち上げる力の大きさをそれぞれ求めよ。

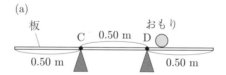

(a)

[解]　図 (b) のように，板に働く重力の大きさ $F_{板}$ は，

$$F_{板} = [板の質量] \times [重力加速度の大きさ] = 1.0 \times 9.8 = 9.8\ \mathrm{N}$$

であり，板の中心 (重心) である点 G から下向きに働く。また，おもりの重力の大きさ $F_{おもり}$ は，

$$F_{おもり} = [おもりの質量] \times [重力加速度の大きさ] = 0.50 \times 9.8 = 4.9\ \mathrm{N}$$

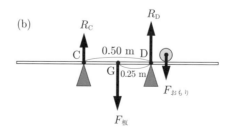

(b)

であり，おもりの中心から下向きに働く。

ここで，2つの支柱が点 C，D を持ち上げる力の大きさをそれぞれ R_C [N]，R_D [N] とおくと，これらはそれぞれ C，D を作用点として上向きに働くので，上向きの力を正とおくと，板に働く力の合力のつり合いの条件は次のように書ける。

$$R_C + R_D - F_\text{板} - F_\text{おもり} = 0 \;\to\; R_C + R_D = F_\text{板} + F_\text{おもり} = 9.8 + 4.9 = 14.7$$

次に，D から C までの距離を $r_C = 0.50$ m，D から G までの距離を $r_G = 0.25$ m，D からおもりの位置までの距離を $r_\text{おもり} = 0.10$ m とおく。このとき，時計回りの力のモーメントを正とおけば，D のまわりに生じる力のモーメントの和がつり合う条件は，次のように書ける。

$$r_C R_C \sin 90° - r_G F_\text{板} \sin 90° + r_\text{おもり} F_\text{おもり} \sin 90° = 0$$

$$\to\; 0.50 \times R_C - 0.25 \times 9.8 + 0.10 \times 4.9 = 0$$

よって，支柱が C を持ち上げる力の大きさ R_C は，次のように求まる。

$$0.50\, R_C = 2.94 \;\to\; R_C \fallingdotseq \underline{5.9\ \text{N}}$$

また，力の合力のつり合いの条件から，支柱が D を持ち上げる力の大きさ R_D は，次のように求まる。

$$R_D = 14.7 - R_C = 14.7 - 5.9 = \underline{8.8\ \text{N}}$$

例 10.4 図 (a) のように，質量 0.50 kg，長さ 2.0 m の一様な棒の一端を粗い水平な床面上に置き，他端をなめらかで鉛直な壁に立てかけたところ，棒は床面との角度が 45° になるようにつり合って静止した。重力加速度の大きさを 9.8 m/s^2 として，以下の問いに答えよ。

(1) 棒が床面から受ける垂直抗力の大きさはいくらか。

(2) 棒と床面との間に働く静止摩擦力の大きさはいくらか。

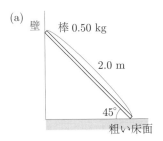

(a)

[解] (1) 図 (b) のように，棒と床面との接点を O，壁との接点を P とおく。棒の質量を $M = 0.50$ kg，重力加速度の大きさを $g = 9.8$ m/s^2 と定義すると，棒に働く重力の大きさは $Mg = 0.50 \times 9.8 = 4.9$ N であり，棒の中心（重心）G から下向きの力で書ける。

また，O で棒が床面から受ける垂直抗力の大きさを N_1 [N]，静止摩擦力の大きさを f [N] と

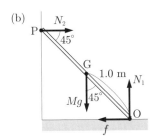

(b)

し，P で棒が壁から受ける垂直抗力の大きさを N_2 [N] とおく。このとき，棒に働く力の合力の
つり合いから，鉛直方向と水平方向に対して，次の 2 つの関係が成り立つ。

$$N_1 = Mg, \qquad f = N_2$$

よって，棒が床面から受ける垂直抗力の大きさ N_1 は，次のように求まる。

$$N_1 = Mg = \underline{4.9\ \text{N}}$$

(2) O からみた G の位置を $\vec{r}_G$，P の位置を $\vec{r}_P$ とおく。このとき，O のまわりにおける力
のモーメントの和のつり合いから，N_2 の値が次のように求まる。

$$-\vec{r}_G \times M\vec{g} + \vec{r}_P \times \vec{N_2} = 0$$

$$-1.0 \times 4.9 \times \sin 45^\circ + 2.0 \times N_2 \times \sin 45^\circ = 0 \quad \rightarrow \quad N_2 = 2.45\ \text{N}$$

よって，棒が床面から受ける静止摩擦力の大きさ f は，力の合力のつり合いの式から，次の
ように求まる。

$$f = N_2 = 2.45 \fallingdotseq \underline{2.5\ \text{N}}$$

10.4　慣性モーメント

直線運動する物体に対して，その運動状態の変えにくさの度合いを表す量のことを質量
(慣性質量)とよぶが，回転運動する物体に対して，その運動状態の変えにくさの度合いを
表す量のことを**慣性モーメント**とよぶ。慣性モーメントは，回転軸まわりで回転する剛体
の運動を理解するうえで，避けては通れない物理量である。本章では慣性モーメントの
数学的な定義を学んでから，この物理量を用いて回転運動の運動方程式を定式化してみ
よう。

10.4.1　角速度と角加速度

慣性モーメントの話に入る前に，回転運動を記述するうえで重要な物理量として，角速
度と角加速度の定義について押さえておこう。

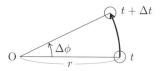

図 10.10　微小時間 Δt の間の回転運動

図 10.10 のように，点 O のまわりを半径 r で回転運動する物体を考える。時刻 t から
$t + \Delta t$ までの間に，物体が回転した角度が $\Delta\phi$ であったとすると，ある時刻 t での角速度
ω は次のように定義される。

$$\omega = \lim_{\Delta t \to 0} \frac{\Delta\phi}{\Delta t} = \frac{d\phi}{dt}$$

ここで，次式のように定義される物理量 a のことを，角加速度とよぶ。

$$a = \lim_{\Delta t \to 0} \frac{\Delta\omega}{\Delta t} = \frac{d\omega}{dt} = \frac{d}{dt}\left(\frac{d\phi}{dt}\right) = \frac{d^2\phi}{dt^2}$$

すなわち，単位時間(SI 単位系では 1 s)あたりに物体が角速度を何 rad/s 変化させたかを

示す量を**角加速度**とよび，その単位は「$\mathrm{rad/s^2}$」を用いる。

ここで，物体が一定の角加速度で回転運動する場合を考えよう。このとき，ある時刻 t における角速度 ω と回転角 ϕ は，位置を回転角に，速度を角速度に，加速度を角加速度に置き換えれば，等加速度直線運動と同じ公式で計算することができる（公式 2.1 と公式 2.2 を参照）。時刻 $t=0$ での角速度を ω_0，時刻 $t=0$ での回転角を ϕ_0 と定義すると，角加速度が一定の回転運動において次の 2 つの公式が成り立つ。

公式 10.2（角加速度が一定の回転運動における角速度 ω と時刻 t の関係）

$$\omega = \omega_0 + at$$

公式 10.3（角加速度が一定の回転運動における回転角 ϕ と時刻 t の関係）

$$\phi = \phi_0 + \omega_0 t + \frac{1}{2}at^2$$

10.4.2 回転軸まわりの角運動量と慣性モーメント

図 10.11 のように，ある回転軸 O のまわりで回転運動する剛体を考える。ある時刻 t での剛体の角速度は $\omega = \frac{d\phi}{dt}$ であるとする。すでに学んだように，剛体は質量がそれぞれ $m_1, m_2, \cdots, m_N$ の N 個の質点の集まりであるとみなすことができ，O からみた各質点の位置をそれぞれ，$\vec{r}_1, \vec{r}_2, \cdots, \vec{r}_N$ と定義する。

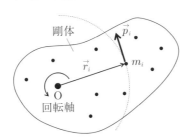

図 10.11 回転軸まわりで回転する剛体

時刻 t で剛体がもつ角運動量の大きさ L は，剛体内の N 個の質点がもつ角運動量の和に等しい。また，例えば i 番目の質点の位置ベクトル $\vec{r}_i$ と運動量ベクトル $\vec{p}_i$ が直角であることを考慮すると，L は次式のように書くことができる。

$$L = \sum_{i=1}^{N} |\vec{r}_i \times \vec{p}_i| = \sum_{i=1}^{N} r_i p_i \sin 90^\circ = \sum_{i=1}^{N} r_i p_i$$

さらに，i 番目の質点がもつ速さを v_i と定義すると，$p_i = m_i v_i$ と書くことができ，i 番目の質点が円運動する半径 r_i と角速度 ω の関係は $v_i = r_i \omega$ と書けるので，L の式は次のように変形できる。

$$L = \sum_{i=1}^{N} r_i p_i = \sum_{i=1}^{N} r_i \cdot m_i v_i = \sum_{i=1}^{N} r_i \cdot m_i r_i \omega = \left(\sum_{i=1}^{N} m_i r_i^2\right)\omega$$

ここで，$I = \sum_{i=1}^{N} m_i r_i^2$ を定義しよう。このとき，剛体がもつ角運動量 L は，次のように

簡単な式で書くことができる。

$$L = I\omega \tag{10.9}$$

また，式 (10.9) の L を時刻 t で微分すると，I は定数なので，次のように計算することができる。

$$\frac{dL}{dt} = \frac{d(I\omega)}{dt} = I\frac{d\omega}{dt} = I\frac{d^2\phi}{dt^2}$$

式 (10.6) より，剛体の回転運動の運動方程式は，剛体が受ける力のモーメントの大きさ N を用いて，次式のように書けることをすでに学んだ。

$$\frac{dL}{dt} = N$$

この式の左辺を I を使って書き直すと，剛体の回転運動の運動方程式は次のように書くことができる。

公式 10.4（剛体の回転運動の運動方程式）

$$I\frac{d^2\phi}{dt^2} = N$$

公式 10.5（慣性モーメントの定義）

$$I = \sum_{i=1}^{N} m_i r_i^2$$

公式 10.4 は，質点の運動におけるニュートンの運動の第 2 法則によく似ている。すなわち，角加速度 $\frac{d^2\phi}{dt^2}$ を加速度，力のモーメント N を力，I は質量に置き換えれば，これは「[質量] × [加速度] = [力]」の関係式と同じである。実際に，I は剛体の回転運動において，その運動状態の変えにくさの度合いを表す量であり，この I を**慣性モーメント**とよぶ。慣性モーメントの単位は「$\mathrm{kg \cdot m^2}$」を用いる。

例 10.5　長さ 4.0 m の変形しない軽い棒の両端に，質量 3.0 kg の物体 A と，質量 2.0 kg の物体 B が固定されている。このとき，以下の問いに答えよ。

(1)　棒の中心 P を通り，棒に垂直な軸を回転軸として棒を回転させたとき，回転軸のまわりの慣性モーメントを求めよ。

(2)　A から距離 1.0 m の点 Q を通り，棒に垂直な軸を回転軸として棒を回転させたとき，回転軸のまわりの慣性モーメントを求めよ。

[解]　(1)　棒の中心 P を原点として，B に向かう方向に x の正の軸をとると，A，B の x 座標はそれぞれ，$x_\mathrm{A} = -2.0$，$x_\mathrm{B} = 2.0$ と定義できる。よって，A の質量を $m_\mathrm{A} = 3.0$ kg，B の質量を $m_\mathrm{B} = 2.0$ kg とおけば，P のまわりの慣性モーメント I [$\mathrm{kg \cdot m^2}$] は次のように求まる。

$$I = m_\mathrm{A} x_\mathrm{A}^2 + m_\mathrm{B} x_\mathrm{B}^2 = 3.0 \times (-2.0)^2 + 2.0 \times 2.0^2$$
$$= 3.0 \times 4.0 + 2.0 \times 4.0 = \underline{20 \ \mathrm{kg \cdot m^2}}$$

(2)　Q を原点として，B に向かう方向に x の正の軸をとると，A，B の x 座標はそれぞれ，

$x_\mathrm{A} = -1.0$, $x_\mathrm{B} = 3.0$ と定義できる。よって，Q のまわりの慣性モーメント I は次のように求まる。

$$I = m_\mathrm{A} x_\mathrm{A}^2 + m_\mathrm{B} x_\mathrm{B}^2 = 3.0 \times (-1.0)^2 + 2.0 \times 3.0^2$$
$$= 3.0 \times 1.0 + 2.0 \times 9.0 = \underline{21 \text{ kg} \cdot \text{m}^2}$$

10.4.3 いろいろな剛体の慣性モーメント

図 10.12 のように，ある形の剛体を格子状に分割し，N 個の部分に分ける。このとき，i 番目の部分の質量を Δm_i と定義しよう。N を無限に大きくとれば，分割された1つの部分の体積は無限に小さくなるので，剛体は N 個の質点の集まりであるとみなすことができ，Δm_i は i 番目の質点の質量とみなすことができる。

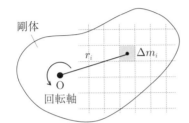

図 10.12 剛体の慣性モーメントの計算

この剛体がある回転軸 O のまわりで，回転する場合を考えよう。O から i 番目の質点までの距離を r_i と定義すると，この剛体全体がもつ慣性モーメント I は，剛体内のすべての質点がもつ慣性モーメントの和に等しいので，次のように計算することができる。

$$I = \lim_{N \to \infty} \sum_{i=1}^{N} r_i^2 \Delta m_i = \int r^2 dm$$

ここで，$\int dm$ は剛体内の全領域にわたる，質量についての積分である。

公式 10.6（剛体の慣性モーメント）

$$I = \int r^2 dm$$

例 10.6 底面の半径が a，高さが h，質量が M の密度が一様な円柱について，中心軸まわりの慣性モーメントを求めよ。

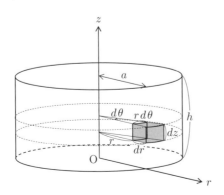

[**解**]　図のように，円柱の1つの底面の中心を原点 O として，円柱の中心軸に沿って z 軸，底面に平行な向きに r 軸をとる。ここで，中心軸から半径 r の円弧と半径 $r + dr$ の円弧の間にある，中心角 $d\theta$，高さ dz の微小な領域を考える。このとき，$d\theta$ が微小であれば，半径 r の円弧の長さは近似的に $r\,d\theta$ と書くことができる。

この微小部分の体積を dV と定義しよう。この領域を近似的に，縦 dr，横 $r\,d\theta$，高さ dz の直方体とみなせば，dV は次のような近似式で書くことができる。

$$dV \fallingdotseq dr \times r\,d\theta \times dz = r\,drd\theta dz$$

ここで，円柱の密度を ρ と定義すると，この微小領域がもつ質量 dm は次式のように書ける。

$$dm = \rho\,dV = \rho r\,drd\theta dz$$

これより，この円柱の中心軸まわりの慣性モーメント I は，次のように計算できる。

$$I = \int r^2 dm = \int_0^h \int_0^{2\pi} \int_0^a r^2 \cdot \rho r\,drd\theta dz$$
$$= h \cdot 2\pi \cdot \rho \int_0^a r^3 dr = 2\pi h\rho \left[\frac{r^4}{4}\right]_0^a = 2\pi h\rho \cdot \frac{a^4}{4} = \frac{1}{2} \cdot \rho\pi a^2 h \cdot a^2$$

ここで，円筒の体積は $V = \pi a^2 h$ であり，円筒の質量 M は $M = \rho V = \rho\pi a^2 h$ と書けるので，これを上式に代入すれば，慣性モーメント I は次式のように求まる。

$$I = \frac{1}{2}Ma^2$$

　図 10.13 に，いろいろな形の剛体における回転軸まわりの慣性モーメントを示している。図中の剛体はすべて，質量 M で密度が一様な中空でない物体である。また，すべて

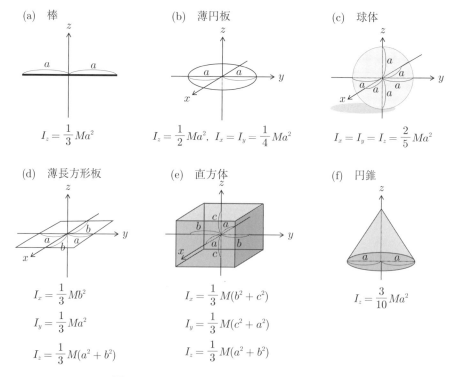

(a)　棒
$$I_z = \frac{1}{3}Ma^2$$

(b)　薄円板
$$I_z = \frac{1}{2}Ma^2, \quad I_x = I_y = \frac{1}{4}Ma^2$$

(c)　球体
$$I_x = I_y = I_z = \frac{2}{5}Ma^2$$

(d)　薄長方形板
$$I_x = \frac{1}{3}Mb^2$$
$$I_y = \frac{1}{3}Ma^2$$
$$I_z = \frac{1}{3}M(a^2 + b^2)$$

(e)　直方体
$$I_x = \frac{1}{3}M(b^2 + c^2)$$
$$I_y = \frac{1}{3}M(c^2 + a^2)$$
$$I_z = \frac{1}{3}M(a^2 + b^2)$$

(f)　円錐
$$I_z = \frac{3}{10}Ma^2$$

図 10.13　いろいろな剛体の慣性モーメント

の剛体において重心を原点とする x, y, z の直交軸が定義されており，I_x, I_y, I_z はそれぞれ x, y, z 軸まわりの慣性モーメントを示す。

10.4.4 慣性モーメントに関する2つの定理

　慣性モーメントに関する，2つの重要な定理を押さえておこう。はじめに，図 10.14 のように，剛体の2つの異なる位置をつらぬく互いに平行な2つの回転軸を考える。2つの回転軸のうち，1つは剛体の重心をつらぬいており，2つの回転軸の間の距離を d とおく。このとき，重心を通る回転軸まわりの慣性モーメントを I_{G}，重心を通らない回転軸まわりの慣性モーメントを I とし，剛体の質量を M とおくと，次の関係式が成り立つ。

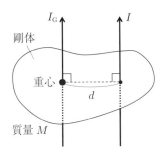

図 10.14　平行軸の定理

公式 10.7（平行軸の定理）

$$I = I_{\mathrm{G}} + Md^2$$

　［証明］　図のように，任意の形をした質量 M の剛体に対して，2つの直交座標を定義しよう。1つは x, y, z 軸で定義された任意の座標系で，原点を O とする。もう1つは，x, y, z 軸とそれぞれ平行な，x', y', z' 軸で定義された座標系で，その原点は剛体の重心 G である。ここで，OG 間の距離を d とし，いずれかの座標系にある微小部分の質量を dm とおく。また，O，G から dm までの距離をそれぞれ，$r = \sqrt{x^2 + y^2}$，$r' = \sqrt{x'^2 + y'^2}$ とし，xy 平面での G の座標を $(x_{\mathrm{G}}, y_{\mathrm{G}})$ と定義する。

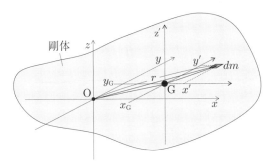

　いま，$x = x_{\mathrm{G}} + x'$，$y = y_{\mathrm{G}} + y'$ の関係が成り立つので，z 軸まわりの慣性モーメント I は次のように計算できる。

$$I = \int r^2 dm = \int (x^2 + y^2)\, dm = \int \left[(x_{\mathrm{G}} + x')^2 + (y_{\mathrm{G}} + y')^2 \right] dm$$

$$= \int (x_{\mathrm{G}}^2 + y_{\mathrm{G}}^2)\, dm + 2x_{\mathrm{G}} \int x' dm + 2y_{\mathrm{G}} \int y' dm + \int (x'^2 + y'^2)\, dm$$

ここで，$\int dm$ は，剛体内の全領域にわたる質量についての積分を示す。

まず1項目には，$d^2 = x_G^2 + y_G^2$ を代入できる。また，$x'y'$ 平面における剛体の重心の位置座標を (x_G', y_G') と定義すると，これらは重心の公式に従い，$x_G' = \frac{1}{M}\int x' dm$，$y_G' = \frac{1}{M}\int y' dm$ より計算できる。ただし，いま $x'y'$ 平面において重心は原点なので，$(x_G', y_G') = (0, 0)$ となり，2，3項目の積分はともに 0 となる。さらに，4項目は z' 軸まわりの慣性モーメント I_G を求める式と同じなので，次のように平行軸の定理が導かれる。

$$I = d^2 \int dm + \int (x'^2 + y'^2)\, dm = Md^2 + I_G \qquad\qquad \square$$

2つの慣性モーメントの間に成り立つこの関係を，**平行軸の定理**とよぶ。平行軸の定理を用いると，重心をつらぬく回転軸まわりの慣性モーメント I_G がわかっていれば，重心から距離 d だけ離れた回転軸まわりの慣性モーメント I は，I_G に Md^2 を足せば求めることができる。

次に，図 10.15 のように，xy 平面内にある薄い板状の剛体を考える。xy 平面と垂直に z 軸をとり，x，y，z 軸まわりで剛体がもつ慣性モーメントをそれぞれ，I_x，I_y，I_z と定義すると，次の関係式が成り立つ。

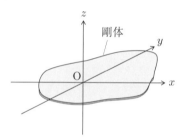

図 10.15 xy 平面内にある薄い平面板

公式 10.8（平面板の直交軸の定理） —————————————————————————

$$I_z = I_x + I_y$$

———

[証明] 図のように，平面板内の適当な位置にある，微小部分の質量を dm とおき，原点 O から dm までの距離を $r = \sqrt{x^2 + y^2}$ と定義する。

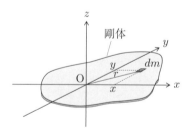

z 軸まわりの慣性モーメント I_z は，慣性モーメントの公式から次のように計算できる。

$$I_z = \int r^2 dm = \int (x^2 + y^2)\, dm = \int y^2 dm + \int x^2 dm$$

ここで，$\int dm$ は，剛体内の全領域にわたる質量についての積分である。$\int y^2 dm$ について，y^2 は x 軸から dm までの距離の2乗なので，この積分は x 軸まわりの慣性モーメント I_x に相当

する。同様に，$\int x^2 dm$ について，x^2 は y 軸から dm までの距離の 2 乗なので，この積分は y 軸まわりの慣性モーメント I_y である。

よって，2，3 項目にそれぞれ，$I_x = \int y^2 dm$，$I_y = \int x^2 dm$ を代入すれば，平面板の直交軸の定理の式が導かれる。

$$I_z = I_x + I_y \qquad\qquad \square$$

この関係を，**平面板の直交軸の定理**とよぶ。この定理は，薄い板状の剛体が xy 平面内にあれば成り立ち，z 軸が xy 平面をつらぬく位置に依存しない。

例 10.7 辺の長さが 2.0 m，質量が 10 kg の，正方形の薄い板がある。板に垂直で中心 O を通る軸のまわりの慣性モーメントが $I_G = 4.0$ kg·m^2 で与えられるとき，以下の問いに答えよ。

(1) 板に垂直で，正方形の 1 つの頂点 P を通る軸のまわりの慣性モーメントを求めよ。

(2) 板の中心 O を通り，正方形の 1 辺に平行な軸のまわりの慣性モーメントを求めよ。

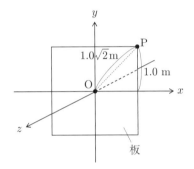

[解] (1) 図のように，板の中心（重心）O から P までの距離を d とおくと，$d = 1.0\sqrt{2} = \sqrt{2}$ m となる。また，板の質量を M とおくと，$M = 10$ kg であるので，平行軸の定理より P を通る軸のまわりの慣性モーメント I は，次のように求まる。

$$I = I_G + Md^2 = 4.0 + 10 \times (\sqrt{2})^2 = 4.0 + 10 \times 2 = \underline{24 \text{ kg·m}^2}$$

(2) 図のように，正方形の中心 O を通り正方形の各辺と平行に x，y 軸を定義し，正方形と垂直に z 軸をとる。x，y，z 軸のまわりの慣性モーメントをそれぞれ I_x，I_y，I_z と定義すると，平面板の直交軸の定理より $I_z = I_x + I_y$ が成り立つ。

いま，正方形は中心 O のまわりで 90° 回転させてももとに戻るので，x と y 軸方向は対称で $I_x = I_y$ が成り立つ。すなわち，$I_z = I_x + I_y = I_x + I_x = 2I_x$ が成り立つので，O を通り正方形の 1 辺に平行な軸のまわりの慣性モーメントとして I_x を選ぶと，次のように求まる。

$$I_x = \frac{I_z}{2} = \frac{I_G}{2} = \frac{4.0}{2} = \underline{2.0 \text{ kg·m}^2}$$

10.5 剛体の力学的エネルギー保存則

質点の場合には，質点がもつ運動エネルギーと位置エネルギーの和が，外から保存力以外の力を加えなければ常に一定であることをすでに学んだ。これは，質点の力学的エネルギー保存則であるが，剛体の場合にも同様の保存則が成り立つ。ただし，質点のときには無視してきた回転運動による運動エネルギーを考慮する必要があるので，剛体の力学的エネルギー保存則は質点の場合と比べてやや複雑になる。

10.5.1 剛体の回転運動による運動エネルギー

図 10.16 のように，剛体が N 個の質点の集まりであると考えよう。これらの質点 1, 2, $\cdots$, N の質量はそれぞれ，$m_1, m_2, \cdots, m_N$ であるとする。この剛体がある回転軸 O のまわりで，角速度 ω で回転運動している場合を考えよう。

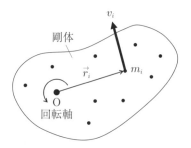

図 10.16 剛体の回転運動の運動エネルギーの計算

剛体が角速度 ω で回転するとき，剛体内のすべての質点も角速度 ω で O のまわりを回転する。ここで，i 番目の質点の速度を v_i と定義すれば，i 番目の質点がもつ運動エネルギー K_i' は，次式より求めることができる。

$$K_i' = \frac{1}{2} m_i v_i^2$$

また，O からみた i 番目の質点の位置を $\vec{r_i}$ と定義すれば，$v_i = r_i \omega$ が成り立つので，剛体全体がもつ回転運動による運動エネルギー K' は，N 個の質点がもつ回転運動による運動エネルギーの和として計算することができる。

$$K' = \sum_{i=1}^{N} \frac{1}{2} m_i v_i^2 = \sum_{i=1}^{N} \frac{1}{2} m_i r_i^2 \omega^2 = \frac{1}{2} \left(\sum_{i=1}^{N} m_i r_i^2 \right) \omega^2$$

ここで，慣性モーメントの定義式（公式 10.5）$I = \sum_{i=1}^{N} m_i r_i^2$ を用いると，角速度 ω で回転する剛体の回転運動による運動エネルギー K' は，慣性モーメント I を用いて次式より求められる。

公式 10.9（剛体の回転運動による運動エネルギー） ─────────────

$$K' = \frac{1}{2} I \omega^2$$

10.5.2 剛体の力学的エネルギー保存則

剛体の運動エネルギーを考える際には，剛体の重心が移動するだけの並進運動による運動エネルギー K だけでなく，ある回転軸のまわりで剛体が向きを変える回転運動による運動エネルギー K' についても考慮する必要がある。また，剛体がもつ力学的な位置エネルギーを U とおけば，剛体に対して成り立つ力学的エネルギー保存則は，次のような式で書くことができる。

公式 10.10（剛体の力学的エネルギー保存則） ─────────────

$$K + K' + U = 一定$$

剛体の力学的エネルギー保存則を用いて，剛体の簡単な運動の例を 1 つ考えてみよう。図 10.17 のように，水平な床面上に固定された粗い斜面上を転がる，円筒型の物体の運動を考える。床面から高さ h の斜面上の位置 O に，質量 M の円筒型の物体を静かに置いたところ，物体は斜面上を滑ることなく転がり下りて，床面上の位置 P に達した後も左向きに一定の速度 V で転がり続けた。

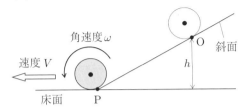

図 10.17 斜面上を転がる円筒型の剛体

床面上を転がる物体の，中心軸まわりの角速度を ω，物体の中心軸まわりの慣性モーメントを I とし，重力加速度の大きさを g と定義しよう。O で物体がもつ並進運動と回転運動による運動エネルギーをそれぞれ，K_O，K'_O と定義し，O で物体がもつ位置エネルギーを U_O と定義する。また，P で物体がもつ並進運動と回転運動による運動エネルギーをそれぞれ，K_P，K'_P と定義し，P で物体がもつ位置エネルギーを U_P と定義する。このとき，剛体の力学的エネルギー保存則によれば，次の関係式が成り立つ。

$$(K_O + K'_O) + U_O = (K_P + K'_P) + U_P \tag{10.10}$$

ここで，左辺は斜面上の O で物体がもつ力学的エネルギーの和，右辺は床面上の P で物体がもつ力学的エネルギーの和であり，これらが保存しているため等しいことを示している。

式 (10.10) を具体的に計算してみよう。はじめに，斜面上の O に静かに置かれた瞬間の物体は静止していたので，$K_O = K'_O = 0$ が成り立つ。また，O に置かれた瞬間に物体がもつ位置エネルギー U_O は，床面を基準にとると $U_O = Mgh$ となる。

一方，床面上の P に達した後の物体は速度 V で運動するので，P で物体がもつ並進運動による運動エネルギー K_P は $K_P = \frac{1}{2}MV^2$ で書ける。また，P で物体がもつ回転運動による運動エネルギー K'_P は $K'_P = \frac{1}{2}I\omega^2$ で書くことができる。さらに，P は床面上なので，P で物体がもつ位置エネルギーは床面を基準にとると $U_P = 0$ であり，式 (10.10) は次のように定式化することができる。

$$(0 \ + \ 0) \ + \ Mgh = \left(\frac{1}{2}MV^2 + \frac{1}{2}I\omega^2\right) \ + \ 0$$

例 10.8 粗い斜面上で，床面から高さ 10 m の点 O に，質量 1.0 kg，半径 1.4 m の一様な円筒を静かに置いたところ，円筒は滑ることなく床面まで転がり下りた。重力加速度の大きさを 9.8 m/s^2 とし，$\sqrt{6} = 2.4$ として以下の問いに答えよ。

(1) 点 O での円筒の，床面を基準とする位置エネルギーを求めよ。

(2) 円筒の中心軸まわりの慣性モーメントを求めよ。

(3) 床面上の点 P に到達した瞬間の円筒の速さを V [m/s] とおくと，この瞬間に円筒がもつ運動エネルギーを V を用いて表せ。

(4) (1)，(2) の結果と力学的エネルギー保存則を用いて，P に到達した瞬間の円筒の速さ V [m/s] を求めよ。

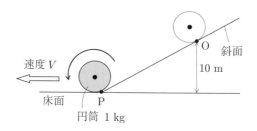

速度 V

斜面

O

10 m

床面

P

円筒 1 kg

[解] (1) 円筒の質量を $M = 1.0$ kg, 床面から点 O までの高さを $h = 10$ m, 重力加速度の大きさを $g = 9.8$ m/s^2 と定義する。このとき，点 O での円筒の重力による位置エネルギー U_O は，床面を基準として次のように求まる。

$$U = Mgh = 1.0 \times 9.8 \times 10 = \underline{98 \text{ J}}$$

(2) 円筒の円の半径を $a = 1.4$ m と定義すると，円筒の中心軸まわりの慣性モーメント I は次のように求まる。

$$I = \frac{1}{2}Ma^2 = \frac{1}{2} \times 1.0 \times 1.4^2 = \underline{0.98 \text{ kg} \cdot \text{m}^2}$$

(3) 床面上の点 P に達した瞬間に，円筒が回転する角速度を ω [rad/s] とおくと，この瞬間の円筒の速さ V は $V = a\omega$ で書くことができる。よって，角速度 ω は V を用いて，次のように表される。

$$\omega = \frac{V}{a} = \frac{V}{1.4}$$

これより，床面上の点 P に達した瞬間に円筒がもつ運動エネルギーは，並進運動と回転運動による運動エネルギーの和，$K_P + K_P'$ として計算できるので，次のように求められる。

$$\begin{aligned}
K_P + K_P' &= \frac{1}{2}MV^2 + \frac{1}{2}I\omega^2 \\
&= \frac{1}{2} \times 1.0 \times V^2 + \frac{1}{2} \times 0.98 \times \left(\frac{V}{1.4}\right)^2 \\
&= 0.50V^2 + 0.25V^2 = \underline{0.75V^2 \text{ [J]}}
\end{aligned}$$

(4) 斜面上の点 O に静かに置いた瞬間の円筒は静止していたので，この瞬間に円筒がもつ並進運動と回転運動の運動エネルギーは，$K_O = K_O' = 0$ となる。また，床面上の点 P に到達した瞬間に円筒がもつ位置エネルギーは，床面を基準として $U_P = 0$ となるので，力学的エネルギー保存則より，P に到達した瞬間の円筒の速さ V は次のように求まる。

$$(K_O + K_O') + U_O = (K_P + K_P') + U_P$$

$$0 + 98 = 0.75V^2 + 0 \quad \rightarrow \quad V^2 = \frac{9800}{75}$$

$$\rightarrow \quad V = \frac{10 \cdot 7 \cdot \sqrt{2}}{5 \cdot \sqrt{3}} = \frac{14}{3}\sqrt{6} = \frac{14}{3} \times 2.4 \fallingdotseq \underline{11 \text{ m/s}}$$

章末問題 10

10.1 図のように，質量 0.50 kg，長さ 2.0 m の一様な棒の一端を粗い水平な床面上に置き，他端をなめらかで鉛直な壁に立てかけた。さらに，壁と棒の接点から x [m] の位置に質量 0.10 kg のおもりを吊り下げたところ，棒とおもりは床面との角度が 45° になるようにつり合って静止した。重力加速度の大きさが 9.8 m/s²，棒と床面との間の静止摩擦係数が 0.50 であるとき，x がどのような条件のときに棒が倒れるか求めよ。

10.2 図のように，長さ $2a$，質量 M の一様な棒がある。この棒の中心 O を通り棒と垂直な向きに z 軸を定義するとき，z 軸まわりの棒の慣性モーメントを求めよ。

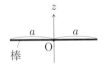

10.3 図のように，傾斜角 30° の粗い斜面上で，床面から高さ 10 m の点 O に，質量 1.0 kg，半径 0.20 m の一様な球体を静かに置いたところ，球体は滑ることなく床面上の点 P まで転がり下りた。重力加速度の大きさを 9.8 m/s²，$\sqrt{3} = 1.7$，$\sqrt{5} = 2.2$，$\sqrt{7} = 2.6$ として，以下の問いに答えよ。

(1) 球体の中心軸まわりの慣性モーメントを求めよ。

(2) P に到達した瞬間の球体の速さを求めよ。

(3) 球体が斜面上を滑らないための，球体と斜面の間の静止摩擦係数の条件を求めよ。

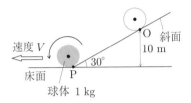

補　足

11.1　複　素　数

例えば，

$$x^2 = -1$$

の x の解を求めようとすると，$x = \sqrt{-1}$ となり平方根の中の数字が負となる。通常であればこのような解は実態をもたない（現実に表現することができない）数字であるため，このような方程式の解は「ない」とされる。

しかし，物理の世界では $\sqrt{-1}$ という存在し得ない数字を計算の中に取り入れた方が，物理法則を導くうえで便利な場合がある。そこで，

$$i = \sqrt{-1}$$

と定義される文字 i を定義する。この i を，**虚数単位**とよぶ。

また，a と b を2つの任意の**実数**であると定義しよう。実数とは，私たちが普段用いる「現実で表現し得る数字」のことである。ここで，虚数単位 i を含む次のような数字を c と定義しよう。この c のことを**複素数**とよぶ。

公式 11.1（複素数）

$$c = a + bi$$

複素数の中で，i の係数でない a のことを**実部**，i の係数である b のことを**虚部**とよぶ。このように，虚数単位 i を含む複素数は現実には存在し得ない。しかし，最終的に実数として物理量を得る物理法則の定式化を行う過程で，複素数を用いなければならない場面が物理ではたびたび登場する。また，ある複素数 $c = a + (-)ib$ に対して，符号を逆にした $c^* = a - (+)ib$ のことを，c の**複素共役**とよぶ。

例 11.1　2つの複素数を $c_1 = 2 + 5i$，$c_2 = 3 - 2i$ とおくとき，次式を計算せよ。

(1)　$c_1 - 2c_2$　　　　(2)　$c_1 \times c_2$　　　　(3)　$\dfrac{c_1}{c_2}$

[解]　(1)　$c_1 - 2c_2 = (2 + 5i) - 2(3 - 2i) = 2 + 5i - 6 + 4i = \underline{-4 + 9i}$

(2)　$i^2 = -1$ であることを用いて，

$$c_1 \times c_2 = (2 + 5i) \times (3 - 2i) = 2 \times 3 - 2 \times 2i + 5i \times 3 + 5i \times (-2i)$$

$$= 6 - 4i + 15i - 10i^2 = 6 - 4i + 15i - 10 \times (-1) = \underline{16 + 11i}$$

(3)　$c_2 = 3 - 2i$ の複素共役（$c_2^* = 3 + 2i$）を分子と分母にかけて有理化する。

$$\frac{c_1}{c_2} = \frac{2+5i}{3-2i} = \frac{(2+5i)\times(3+2i)}{(3-2i)\times(3+2i)} = \frac{2\times3+2\times2i+5i\times3+5i\times2i}{3\times3+3\times2i-2i\times3-2i\times2i}$$

$$= \frac{6+4i+15i+10i^2}{9+6i-6i-4i^2} = \frac{6+4i+15i-10}{9+6i-6i+4} = \underline{\frac{-4+19i}{13}}$$

また，**ネイピア数**[*] $e = 2.71828\cdots$ の指数を複素数で表した指数関数についても押さえておこう。ネイピア数の指数関数はその微分が簡単なことから，定式化の際によく利用される。例えば，a を任意の定数(実数)とおくと，次式が成り立つ。

公式 11.2（ネイピア数の指数関数の微分公式） ━━━━━━━━━━

$$\frac{d}{dx}e^x = e^x, \qquad \frac{d}{dx}e^{ax} = ae^{ax}$$

━━━━━━━━━━━━━━━━━━━━━━━━━━━━━━━━━━━

また，θ を任意の定数(実数)として，$e^{i\theta}$ と定義される複素数は，次の公式に従う。この式を，**オイラーの公式**とよぶ。

公式 11.3（オイラーの公式） ━━━━━━━━━━━━━━━

$$e^{i\theta} = \cos\theta + i\sin\theta$$

━━━━━━━━━━━━━━━━━━━━━━━━━━━━━━━━━━━

11.2 テーラー展開 ━━━━━━━━━━━━━━━━━━━━━

唐突ではあるが，図 11.1 はコロナショック前後 1 年間の日経平均株価の推移の概形である。

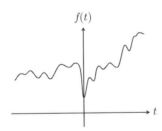

図 11.1 コロナショック前後 1 年間の日経平均株価の推移

この株価推移を完全に理解して，たった 1 日先でも読むことができるならば大金持ちになることは間違いない。そんな方法があるならば，このような教科書でバラすわけはないのであるが，ここではそのヒントとなる方法を少し紹介しよう。

いきなり図 11.1 のような線(関数)を考えるのは難しいので，ここではまず図 11.2 のような関数 f_A, f_B, f_C を考えよう。これらの関数を表す一般的な式は，

$$f_A(t) = a + bt, \qquad f_B(t) = a + bt + ct^2, \qquad f_C(t) = a + bt + ct^2 + dt^3$$

となることはわかるだろう(ここで a, b, c, d は何らかの定数)。

───────────────

[*] ネイピア数は，ベルヌーイ(Jakob Bernoulli：1654–1705)によって考えられた。

$$e = \lim_{n\to\infty}\left(1+\frac{1}{n}\right)^n$$

を展開すると無限級数になるが，その収束値がネイピア数である。

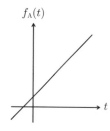 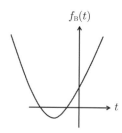 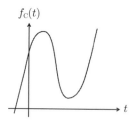

図 11.2　関数 f_A, f_B, f_C

　さて，では最初の図 11.1 のようなグラフはどうであろうか？ これまでの類推から一般に，

$$f(t) = a + bt + ct^2 + dt^3 + et^4 + \cdots \tag{11.1}$$

という式で書くことができると考えることができる。もし $a, b, c, d, e, \cdots$ を知ることができれば，この関数を**理解した**もしくは**得た**と言ってもよいだろう。なのでこれらの $a, b, c, d, e, \cdots$ を得る方法をこれから考えるとしよう。

　またしても唐突であるが，この関数を複数回微分したものを並べてみよう。

$$
\begin{aligned}
f^{(0)}(t) &= a + bt + ct^2 + dt^3 + et^4 + \cdots \\
f^{(1)}(t) &= \quad\;\; b + 2ct + 3dt^2 + 4et^3 + \cdots \\
f^{(2)}(t) &= \qquad\quad\; 2c + 6dt + 12et^2 + \cdots \\
f^{(3)}(t) &= \qquad\qquad\quad\; 6d + 24et + \cdots \\
f^{(4)}(t) &= \qquad\qquad\qquad\quad\;\; 24e + \cdots
\end{aligned}
$$

ここで，f の右上の括弧内の数字は，f を何回 t で微分したかを表している。

　次に，これらの t に 0 を代入してみよう*。

$$f^{(0)}(0) = a = 0!\, a \;\longrightarrow\; a = \frac{f^{(0)}(0)}{0!}$$

$$f^{(1)}(0) = b = 1!\, b \;\longrightarrow\; b = \frac{f^{(1)}(0)}{1!}$$

$$f^{(2)}(0) = 2c = 2!\, c \;\longrightarrow\; c = \frac{f^{(2)}(0)}{2!}$$

$$f^{(3)}(0) = 6d = 3!\, d \;\longrightarrow\; d = \frac{f^{(3)}(0)}{3!}$$

$$f^{(4)}(0) = 24e = 4!\, e \;\longrightarrow\; e = \frac{f^{(4)}(0)}{4!}$$

このように，$a, b, c, d, e, \cdots$ の式がわかる。これらを式 (11.1) に代入すると，以下のようになる。

$$f(t) = \frac{f^{(0)}(0)}{0!} t^0 + \frac{f^{(1)}(0)}{1!} t^1 + \frac{f^{(2)}(0)}{2!} t^2 + \frac{f^{(3)}(0)}{3!} t^3 + \frac{f^{(4)}(0)}{4!} t^4 + \cdots \tag{11.2}$$

これは，$t = 0$ まわりの**テーラー展開**とよばれている。「$t = 0$ まわり」という回りくどい言い方をするのは，もっと一般的な形があるからである。証明は省くが，上記と同様にし

---

　*　$n! = 1 \times 2 \times \cdots \times (n-1) \times n$ であり，これを n の**階乗**とよぶ。ここで，$0! = 1$ であることに注意する。

てもっと一般的な $f(t)$ の形を得ることができる。

$$f(t) = \frac{f^{(0)}(\alpha)}{0!}(t-\alpha)^0 + \frac{f^{(1)}(\alpha)}{1!}(t-\alpha)^1 + \frac{f^{(2)}(\alpha)}{2!}(t-\alpha)^2$$
$$+ \frac{f^{(3)}(\alpha)}{3!}(t-\alpha)^3 + \frac{f^{(4)}(\alpha)}{4!}(t-\alpha)^4 + \cdots$$

これは，$t = \alpha$ まわりのテーラー展開とよばれる。特に，$t = 0$ まわりのテーラー展開は，**マクローリン級数**ともよばれている。

例 11.2 以下の関数を，$x = 0$ のまわりでのテーラー展開をしなさい。ただし，x の 6 次の項までとする。

(1) $\sin x$ (2) $\cos x$ (3) e^{ix}

[**解**]   (1)   次式

$$f^{(0)}(x) = \sin x, \quad f^{(1)}(x) = \cos x, \quad f^{(2)}(x) = -\sin x, \quad f^{(3)}(x) = -\cos x,$$
$$f^{(4)}(x) = \sin x, \quad f^{(5)}(x) = \cos x, \quad f^{(6)}(x) = -\sin x, \quad \cdots$$

が成り立つので，これらに $x = 0$ を代入すると，

$$f^{(0)}(0) = 0, \quad f^{(1)}(0) = 1, \quad f^{(2)}(0) = 0, \quad f^{(3)}(0) = -1,$$
$$f^{(4)}(0) = 0, \quad f^{(5)}(0) = 1, \quad f^{(6)}(0) = 0, \quad \cdots$$

となる。あとは，式 (11.2) に代入して，

$$\underline{\sin x = \frac{x}{1!} + \frac{-x^3}{3!} + \frac{x^5}{5!} + \cdots}$$

(2)   (1) と同様にして，

$$\underline{\cos x = 1 + \frac{-x^2}{2!} + \frac{x^4}{4!} + \frac{-x^6}{6!} + \cdots}$$

(3)   (1) と同様にして，

$$\underline{e^{ix} = 1 + \frac{ix}{1!} + \frac{-x^2}{2!} + \frac{-ix^3}{3!} + \frac{x^4}{4!} + \frac{ix^5}{5!} + \frac{-x^6}{6!} + \cdots}$$

11.3 微分方程式

　力学において，最も重要な式である運動方程式についてはすでに学んだ。本来なら位置を表すために x, y, z という 3 つの変数が必要であるが，ここでは簡単のために，1 次元の場合（つまり変数が x のみの場合）を考えよう。質量 m の物体が F という力を受けている場合，運動方程式は以下のようになる。

$$m\frac{d^2x}{dt^2} = F$$

この F が定数の場合もあれば，時間によって変化する場合もある。

　さて，この運動方程式は，数学では 2 階の微分方程式に分類される。本章では，以下のような，より一般的な 2 階の微分方程式の解を得る方法を考えよう。

$$\frac{d^2x}{dt^2} + a\frac{dx}{dt} + bx = F(t) \tag{11.3}$$

ここで, a, b は定数であり, $F(t)$ は t を変数とする何らかの関数である。解を得るという意味は, $x = x(t)$ というように x を t の関数として表すことである。もっと言うと, **この微分方程式を満たす x の関数のあらゆる解の可能性をすべて調べ尽くすことである。** いきなりこの方程式を解く方法を考えるのではなく, まずは右辺が 0 の場合を考えよう。

11.3.1 $\frac{d^2 x}{dt^2} + a\frac{dx}{dt} + bx = 0$ の一般解を求める

微分方程式を解くとき, 一般的に積分は役に立たない。試しに以下の微分方程式

$$\frac{d^2 x}{dt^2} + a\frac{dx}{dt} + bx = 0 \tag{11.4}$$

を t で積分してみよう。そうすると 1 項目は積分が実行できて

$$\int \frac{d^2 x}{dt^2}\, dt = \frac{dx}{dt} + C$$

となり, 2 項目も実行できて

$$\int a\frac{dx}{dt}\, dt = ax + C$$

となる。しかし, 3 項目は積分できない。なぜなら, x が実際にどんな形の t に関する関数がわからないためである。

微分方程式は, ある関数を何回か微分したものと, もともとの関数の関係性しか示していない。この関係性から, 求めたい関数の具体的な形を求める行為が, 微分方程式を解くということである。あたかも親や兄弟, 友人との関係性から, 君という人物を類推するようなものである。

さて, この微分方程式を解くために,

$$x = Ce^{\lambda t} \tag{11.5}$$

という式を仮定しよう。ここで, C や λ は何らかの定数とする。なぜこのような形に置き換えるかについては後に述べることにして, ここでは話を先に進めよう。式 (11.5) を, 式 (11.4) に代入すると

$$C\lambda^2 e^{\lambda t} + aC\lambda e^{\lambda t} + bCe^{\lambda t} = 0$$

となり, 上式を全項で共通する $Ce^{\lambda t}$ で割ると,

$$\lambda^2 + a\lambda + b = 0$$

となる。この 2 次方程式を**特性方程式**とよぶ。とはいえ, 立派な名前がついていたとしても, これはただの 2 次方程式である。因数分解や解の公式を使うことで, λ を得ることができる。高校数学でも習った通り, 重解の場合や複素数の答えが出る場合もあるが, ここでは, 実数の解が 2 つある場合を考えよう。その解を λ_1, λ_2 とする。そうすると,

$$x = Ce^{\lambda_1 t},\ Ce^{\lambda_2 t}$$

という 2 つの解の形を思い浮かべると思う。しかし, **微分方程式を満たす x のあらゆる可能性を調べ尽くす**という目的のためには, より一般的な形を x を表す関数として採用すべきである。ゆえに

$$x = Ae^{\lambda_1 t} + Be^{\lambda_2 t} \tag{11.6}$$

が x を表す関数，つまり解である（A, B は任意の定数）。ここで，$x = Ce^{\lambda t}$ と仮定した意味について考えよう。テーラー展開のときに行ったように，よくわからない一般的な関数は

$$x = a + bt + ct^2 + dt^3 + et^4 + \cdots \tag{11.7}$$

とした方が自然に思える。**実は，式 (11.5) を考えることと，式 (11.7) を考えることは同じである。**興味がある人は，章末問題に挑戦して，このことを証明してみてほしい。すなわち，式 (11.7) を仮定したとしても，同じ解 (11.6) を得る。式 (11.7) とすることと同じということは，**よくわからない一般的な関数の形を与えて調べたということと同じである。**つまり，こうすることで微分方程式を満たす，あらゆる x の可能性を調べ尽くしたことになる。微分方程式を満たす解の形はいろいろな可能性があるが，そのどれもが必ず解 (11.6) に含まれる形になる。このような解を，**一般解**という。

例 11.3 次の微分方程式の一般解を求めよ。

(1) $\dfrac{d^2x}{dt^2} + a\dfrac{dx}{dt} = 0$ (2) $\dfrac{dx^2}{dt^2} + bx = 0$

［解］ (1) $x = Ce^{\lambda t}$ として与式に代入すると，

$$C\lambda^2 e^{\lambda t} + aC\lambda e^{\lambda t} = 0$$

となり，結果として以下の特性方程式を得る。

$$\lambda^2 + a\lambda = 0$$

これより，$\lambda = 0, -a$ を得る。あとは，式 (11.6) のように，

$$x = Ae^{-at} + B$$

という一般解を得る。

(2) $x = Ce^{\lambda t}$ として与式に代入すると，

$$C\lambda^2 e^{\lambda t} + bCe^{\lambda t} = 0$$

となり，結果として以下の特性方程式を得る。

$$\lambda^2 + b = 0$$

これより，$\lambda = \pm\sqrt{b}\,i$ を得るので，公式 11.3 より*

$$x = Ae^{\sqrt{b}\,it} + Be^{-\sqrt{b}\,it} \quad \rightarrow \quad x = A'\sin\sqrt{b}\,t + B'\cos\sqrt{b}\,t$$

という一般解を得る。

11.3.2 $\dfrac{d^2x}{dt^2} + a\dfrac{dx}{dt} + bx = F(t)$ の特殊解を求める

本来求めたかったのは

$$\frac{d^2x}{dt^2} + a\frac{dx}{dt} + bx = F(t)$$

という，右辺が 0 ではない場合の微分方程式の解である。この微分方程式を満たす解は

---

* $e^{\sqrt{b}\,it} = \cos\sqrt{b}\,t + i\sin\sqrt{b}\,t$, $e^{-\sqrt{b}\,it} = \cos\sqrt{b}\,t - i\sin\sqrt{b}\,t$ を代入して，$A' = (A-B)i$, $B' = A + B$ とした。

1つではないが，ここでは1つでもいいので，まずは解を求めてみよう．1つでもよいならば，**右辺の形を見て解を予想するのが最も簡単な方法**である．予想すると言っても抽象的で伝わらないと思うので，具体的な微分方程式を見てみよう．

$$\frac{d^2x}{dt^2} - 3\frac{dx}{dt} + 2x = 2t^2 - 6t$$

右辺の形を見て，x もまた t の2次関数であると仮定すると，

$$x = lt^2 + mt + n \tag{11.8}$$

という式を仮定することができる．これをもとの微分方程式に代入すると，

$$2l - 3(2lt + m) + 2(lt^2 + mt + n) = 2t^2 - 6t$$

これを t^2, t, 定数の項に分けて，それらの係数を比較する．

$$2lt^2 + (-6l + 2m)t + (2l - 3m + 2n) = 2t^2 - 6t$$

つまり，以下の連立方程式を解けばよい．

$$2l = 2,$$
$$-6l + 2m = -6,$$
$$2l - 3m + 2n = 0$$

これより

$$l = 1, \quad m = 0, \quad n = -1$$

となるので，x は次式のようになることがわかる．

$$x = t^2 - 1$$

ただし，式 (11.5) や式 (11.7) と違って，**この解はすべての可能性を考慮に入れたわけではない**．単に式の形を1つ予想して，たまたま得られた解である．このような解のことを**特殊解**とよぶ．

11.3.3　$\frac{d^2x}{dt^2} + a\frac{dx}{dt} + bx = F(t)$ の一般解を求める

どうせならたまたま見つかったような解(特殊解)ではなく，あらゆる解の可能性すべてを含むような完全な形の解(一般解)を得たいわけである．それを得ることが，微分方程式を真の意味で解くということである．そこで，11.3.2 項の方法で得られた特殊解をここで x_B とし，本当にほしい一般解を x_C としよう．この2つの解は，いずれも求めたい微分方程式を満たす解であることに変わりはない．ゆえに

$$\frac{d^2x_B}{dt^2} + a\frac{dx_B}{dt} + bx_B = F(t), \qquad \frac{d^2x_C}{dt^2} + a\frac{dx_C}{dt} + bx_C = F(t)$$

x_B と x_C の違いは，あらゆる解の可能性を調べ尽くしていないか，いるかだけである．

さて，この上式の両辺をそれぞれ引いてみると，

$$\left(\frac{d^2x_C}{dt^2} - \frac{d^2x_B}{dt^2}\right) + a\left(\frac{dx_C}{dt} - \frac{dx_B}{dt}\right) + b(x_C - x_B) = 0$$

となる。ここで，$x_C - x_B$ をひとまとまりに考え，これを x_A としてみよう。

$$\frac{d^2 x_A}{dt^2} + a\frac{dx_A}{dt} + bx_A = 0$$

この微分方程式の形は，11.3.1 項ですでに見てきた。一般解の求め方も知っている。つまり，x_A に関しては，あらゆる可能性をすべて調べ尽くしたうえで知っているとも言える。そのうえで改めて次式を眺めてみよう。

$$x_C - x_B = x_A$$

左辺にある x_B は，あらゆる可能性を調べたわけではない特殊解であり，11.3.2 項の方法でたまたま見つけた 1 つの解である。それを x_C から引くと，あらゆる可能性を調べ尽くした x_A となるということは，x_C もまた，あらゆる可能性を考慮に入れた式の形をしていなくてはならい。つまり，x_C は一般解でなくてはならないということである。ここから，当初の目的であった微分方程式 (11.3) の一般解，すなわち x_C の求め方が導かれる。

$$x_C = x_A + x_B$$

したがって，**11.3.1 項のように一旦右辺を 0 にしたうえで微分方程式の一般解 x_A を求め，さらに 11.3.2 項のように解を予想して 1 つの特殊解 x_B を見つけ，それらを単に足すだけで，もともとの微分方程式の解についてあらゆる可能性を調べ尽くした一般解 x_C を得るのである。**騙された気がする人や納得いかない人は，よく考えながら本章を読み返してもらいたい。

例 11.4 次の微分方程式の一般解を求めよ。

$$\frac{d^2 x}{dt^2} + a\frac{dx}{dt} = c$$

[**解**] まず右辺が 0，つまり $\frac{d^2 x}{dt^2} + a\frac{dx}{dt} = 0$ の一般解 x_I を得る。それは例 11.3 (1) の結果から，以下のようになる。

$$x_I = Ae^{-at} + B$$

次に，$x = lt^2 + mt + n$ と予想して，特殊解 x_{II} を得る。この予想した式を与式に代入して係数比較すると，

$$2alt + (2l + am) = c$$
$$2al = 0,\ 2l + am = c\ \rightarrow\ l = 0,\ m = \frac{c}{a}\ \rightarrow\ x_{II} = \frac{c}{a}t + n$$

あとは，x_I と x_{II} を足したものが，与式の一般解となる。

$$x_I + x_{II} = x = Ae^{-at} + B' + \frac{c}{a}t$$

ただし，$B' = B + n$ である。

章末問題 11

11.1　$x \ll 1$ のとき，$x = 0$ のまわりでのテーラー展開（マクローリン展開）を用いて，以下の近似式を証明しなさい。ただし，x の 2 次以上の項は小さいので無視する。

(1)　$\sin x \fallingdotseq x$

(2)　$\cos x \fallingdotseq 1$

(3)　$(1+x)^n \fallingdotseq 1 + nx$

11.2　次の微分方程式の一般解を求めよ。

(1)　$\frac{d^2 x}{dt^2} - 4\frac{dx}{dt} - 12x = 0$

(2)　$\frac{d^2 x}{dt^2} - 6\frac{dx}{dt} + 5x = 0$

(3)　$\frac{d^2 x}{dt^2} - 3\frac{dx}{dt} + 2x = 2t^2 - 6t$

(4)　$\frac{d^2 x}{dt^2} - 2\frac{dx}{dt} - 3x = 4\cos t + 2\sin t$

(5)　$\frac{d^2 x}{dt^2} - 6\frac{dx}{dt} + 5x = 2e^{2t}$

11.3　2 階の微分方程式

$$\frac{d^2 f(t)}{dt^2} + a\frac{df(t)}{dt} + bf(t) = 0$$

を解くときは，まず $f(t) = Ce^{\lambda t}$ とし，これを代入して得られる

$$\lambda^2 + a\lambda + b = 0$$

の解を求める。

(1)　特性方程式の解が 2 つの実数解のとき，その 2 つの解 λ_1，λ_2 を使って

$$f(t) = C_1 e^{\lambda_1 t} + C_2 e^{\lambda_2 t}$$

が問題の微分方程式に対する一般解となる。しかし，そもそもなぜ $f(t) = Ce^{\lambda t}$ としたのか。言い換えると，このようにして得られた解が一般解となるのはなぜか。

(2)　特性方程式の解が 2 つの複素数解のとき，2 つの解 $p + qi$，$p - qi$（i は虚数単位）を使って

$$f(t) = e^{pt}(A\cos qt + B\sin qt)$$

が最初の微分方程式に対する一般解となるのはなぜか。

(3)　特性方程式の解が重解のとき，解 λ を使って

$$f(t) = C_1 e^{\lambda t} + C_2\, te^{\lambda t}$$

が最初の微分方程式に対する一般解となるのはなぜか。

章末問題解答

1章

1.1 (1) 0.05 m (2) 6 g (3) 0.2 h (4) 15 m/s (5) 29 μg

1.2 (1) 3.00 kg (2) 0.080 s $(8.0 \times 10^{-2}$ s) (3) 5.30×10^3 m (4) 2.500×10^4 kg

1.3 (1) $\frac{df(x)}{dx} = 15x^2 - 8x$ (2) $\frac{df(x)}{dx} = -\frac{2}{x^3} + 1$ (3) $\frac{df(x)}{dx} = \frac{1}{3}\cos x$ (4) $\frac{df(x)}{dx} = -8\sin x \cos x$

1.4 (1) $\int f(x)\, dx = x^3 + 3x^2 + 9x + C$ (2) $\int f(x)\, dx = -\frac{2}{5x} + 3x + C$ (3) $\int f(x)\, dx = 5\sin x + C$

(4) $\int f(x)\, dx = -\frac{1}{8}\cos 2x + C$

1.5 (1) $\frac{69}{2}$ (2) $-\frac{8}{\pi}$

1.6 (1) $\left|\vec{A}\right| = \sqrt{5}$ (2) $-2\vec{B} = (-6, 8)$ (3) $\vec{A} + \vec{B} = (5, -5)$ (4) $\vec{A} - 2\vec{B} = (-4, 7)$

(5) (4) の結果から，$\left|\vec{A} - 2\vec{B}\right| = \sqrt{(-4)^2 + 7^2} = \sqrt{65}$ (6) $\vec{A} \cdot \vec{B} = 10$

(7) (1) より $\left|\vec{A}\right| = \sqrt{5}$，また，$\left|\vec{B}\right| = 5$ で，(6) より $\vec{A} \cdot \vec{B} = 10$ なので，$\vec{A} \cdot \vec{B} = \left|\vec{A}\right|\left|\vec{B}\right|\cos\theta$ の公式から，$\cos\theta = \frac{2}{5}\sqrt{5}$

1.7 $\vec{C} = -(\vec{A} + \vec{B})$ より，$\vec{C}$ は $\vec{A} + \vec{B}$ の逆ベクトルとなる。

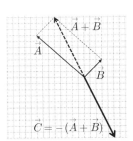

2章

2.1 (1) $x_{\mathrm{A}} = 4t + 24$ [m] (2) $x_{\mathrm{B}} = 6t - 22$ [m] (3) B が A を追い越す時刻 23 s，$x_{\mathrm{AB}} = 116$ m

2.2 $v(t) = 4t - 5$ [m/s]，$x(t) = 2t^2 - 5t + 17$ [m]

2.3 速度 $v(t)$ が $t = 5$ を境に変化するので，$t < 5$ と $5 \leqq t$ に場合分けする必要がある。

$$x(t) = 2t^2 + 4t + 3 \quad (t < 5), \qquad x(t) = t^3 - t^2 - 41t + 178 \quad (5 \leqq t)$$

2.4 (1) $\vec{v} = (4t - 3, 2t + 6)$ [m/s]

(2) $\vec{a} = (4, 2)$ [m/s²]

(3) (1) の結果より，速度の大きさは $v = \sqrt{(4t-3)^2 + (2t+6)^2} = \sqrt{20t^2 + 45}$ [m/s]

(4) (2) の結果より，加速度の大きさは $a = \sqrt{a_x^2 + a_y^2} = \sqrt{4^2 + 2^2} = 2\sqrt{5}$ [m/s²]

3章

3.1 (1) a は地球から箱 A が受ける力，b は箱 B から箱 A が受ける力，c は箱 A から箱 B が受ける力，d は地球から箱 B が受ける力，e は床から箱 B が受ける力，f は箱 B から床が受ける力である。

(2) (b, c), (e, f)   (3) (a, b)   (4) (c, d, e)

3.2 1.75×10^{-7} N

3.3 2.0 m/s^2

3.4 (1) 3.0 N   (2) $f_{\max} = 4.7$ N   (3) 2.4 N

4章

4.1 $-\frac{1}{2}gt^2 + v_0 t + h$

4.2 $\frac{v_0^2}{2g}$

4.3 (1) $m\frac{d^2 x(t)}{dt^2} = mg\sin\theta$ (2) $\frac{dx(t)}{dt} = gt\sin\theta$, $x(t) = \frac{1}{2}gt^2\sin\theta$

4.4 3.2 m/s^2

5章

5.1 (1) $\vec{v} = (v_x, v_y) = (-r\omega\sin(\omega t + \alpha),\ r\omega\cos(\omega t + \alpha))$

(2) (1) の速度ベクトル $\vec{v}$ の結果を用いると，$v = |\vec{v}| = \sqrt{[-r\omega\sin(\omega t + \alpha)]^2 + [r\omega\cos(\omega t + \alpha)]^2} = r\omega$

(3) $\vec{a} = -\omega^2 \vec{r}$

(4) (3) の加速度ベクトル $\vec{a}$ の結果を用いると，$a = |\vec{a}| = |-\omega^2\vec{r}| = r\omega^2$

5.2 正弦波の式は $y = A\sin\left(\frac{2\pi}{\lambda}x - \frac{2\pi}{T}t\right)$ であることを用いる。

(1) 振幅は $A = 0.8$ m

(2) 問題の式は $y = 0.8\sin\left(\frac{2\pi}{20}x - \frac{2\pi}{8}t\right)$ と変形できるので，波長は $\lambda = 20$ m，周期は $T = 8$ s

(3) (2) の結果から，$v = \frac{\lambda}{T} = 2.5$ m/s

5.3 (1) $a = 4l\omega^2$ [m/s^2]   (2) $F = 4ml\omega^2$ [N]   (3) $k = 4m\omega^2$ [N/m]

6章

6.1 (1) を初期条件とした場合は，$x(t) = \frac{v_0}{\omega}\sin\omega t$

(2) を初期条件とした場合は，$x(t) = x_0\cos\omega t + \frac{v_0}{\omega}\sin\omega t$

6.2 周期は $T = \frac{2\pi}{\omega}$

6.3 糸の張力の大きさ S を，鉛直方向と円の中心に向かう方向に分解して，各方向に対する力のつり合いを考える。糸の張力の大きさは $S = \frac{mg}{\cos\theta}$ [N]，角速度は $\omega = \sqrt{\frac{g}{l\cos\theta}}$ [rad/s]

7章

7.1 (1) A の力がたんすにした仕事は $W_A = FL\cos\theta$，B の力がたんすにした仕事は $W_B = F'L\cos\theta'$ となる。よって，2 人がたんすにした仕事は $W = W_A + W_B = L(F\cos\theta + F'\cos\theta')$

(2) 重力がたんすにした仕事は $W_g = 0$，垂直抗力がたんすにした仕事は $W_N = 0$

(3) A と B がたんすにした仕事量がたんすの運動エネルギーの変化 ΔK に対応するので，$W = \Delta K = \frac{1}{2}mv^2 - 0$ となる。よって，$v = \sqrt{\frac{2L}{m}(F\cos\theta + F'\cos\theta')}$

7.2 $W = \Delta U = -\frac{mg}{L}\int_{-\frac{L}{3}}^{0} y\,dy$ より，$W = \frac{mgL}{18}$

7.3 (1) 重力が花束にする仕事は $W_\mathrm{g} = 4\,mgh$ (2) $U = 5\,mgh$ (3) $U = mgh$

(4) 重力による位置エネルギーの変化は $\Delta U = -4\,mgh$

7.4 求める速さを v_B とすると，$v_\mathrm{B} = \sqrt{2gh}$

7.5 触れ角の最大値を θ_max とおくと，力学的エネルギー保存則より

$$\frac{1}{2}m\left(l\frac{d\theta}{dt}\right)^2 + mgl(1 - \cos\theta) = mgl(1 - \cos\theta_\mathrm{max})$$

ここで，$\cos\theta \fallingdotseq 1 - \frac{\theta^2}{2}$ を用いると，$\left(\frac{d\theta}{dt}\right)^2 = \frac{g}{l}(\theta_\mathrm{max}^2 - \theta^2)$ となるので，$\theta = A\cos(\omega t + \alpha)$ とおくと，$\omega^2 = \frac{g}{l}$ が求まる。これより，周期は $T = \frac{2\pi}{\omega} = 2\pi\sqrt{\frac{l}{g}}$

8 章

8.1 91 m/s

8.2 (1) $\frac{1}{2}v$ (2) 0.5 (3) mv (4) A: 左方向に大きさ $\frac{1}{4}v$，B: 右方向に大きさ $\frac{1}{2}v$

8.3 (1) Rt (2) Rtm (3) $Rtmg$ (4) $m\sqrt{2gh}$ (5) $Rm\sqrt{2gh}$ (6) $Rm(gt + \sqrt{2gh})$

9 章

9.1 (1) $\vec{A} \cdot \vec{B} = 12$ (2) $\left|\vec{A} \times \vec{B}\right| = 4\sqrt{3}$

9.2 2つのベクトルの外積の大きさ $\left|\vec{A} \times \vec{B}\right|$ を計算すればよい。$\left|\vec{A} \times \vec{B}\right| = 6\sqrt{6}$

9.3 (1) 力のモーメントの大きさは $N_\mathrm{A} = 1.2 \times 10^2\ \mathrm{N \cdot m}$

(2) 点 O から B までの距離は $r_\mathrm{B} = 2.4$ m

9.4 (1) 角運動量の大きさは $L = 18\ \mathrm{J \cdot s}$

(2) 角運動量保存則より，糸を引く前と引いた後で物体の角運動量が変わらないことを用いる。糸を引いた後の物体の速さは $v' = 6.0$ m/s

(3) 角運動量と面積速度は比例関係にあり，角運動量保存則が成り立てば面積速度も保存するので，物体の面積速度は糸を引く前と引いた後で変わらない。

10 章

10.1 棒が床から受ける垂直抗力を N，静止摩擦力を f，静止摩擦係数を μ とおくと，x が $f > \mu N$ の条件を満たす場合に棒は静止できずに倒れる。これは $x < 1.0$ m の場合である。

10.2 棒の慣性モーメントは $I = \frac{1}{3}Ma^2$

10.3 (1) 球体の慣性モーメントは $I = \frac{2}{5}Ma^2$ より求まるので，$I = 1.6 \times 10^{-2}\ \mathrm{kg \cdot m^2}$

(2) 剛体の力学的エネルギー保存則より，P に到達した瞬間の球体の速さは $V \fallingdotseq 11$ m/s

(3) 球と斜面の間の静止摩擦力 f，静止摩擦係数 μ，球が斜面から受ける垂直抗力 N を用いて，$f \leqq \mu N$ の条件を満たすときに球体は滑らない。このような μ の条件は $\mu \geqq 0.17$

11 章

11.1 (1) $\sin x = \frac{x}{1!} + \frac{-x^3}{3!} + \frac{x^5}{5!} + \cdots$

より，x の 2 次以上の項を無視すれば(0 と考えれば)明らかである。

(2) $\cos x = 1 + \frac{-x^2}{2!} + \frac{x^4}{4!} + \frac{-x^6}{6!} + \cdots$

より，x の 2 次以上の項を無視すれば(0 と考えれば)明らかである。

(3) $(1+x)^n = 1 + nx + \frac{n(n-1)}{2!}x^2 + \frac{n(n-1)(n-2)}{3!}x^3 + \cdots$

より，x の 2 次以上の項を無視すれば(0 と考えれば)明らかである。

11.2 (1) $x = C_1 e^{6t} + C_2 e^{-2t}$ (2) $x = C_1 e^{5t} + C_2 e^t$ (3) $x = C_1 e^t + C_2 e^{2t} + t^2 - 1$

(4) $x = C_1 e^{3t} + C_2 e^{-t} - \frac{3}{5}\cos t - \frac{4}{5}\sin t$ (5) $x = C_1 e^{5t} + C_2 e^t - \frac{2}{3}e^{2t}$

11.3 (1) ヒント：テーラー展開で学んだように，よくわからない関数 $f(t)$ を $f(t) = c_0 + c_1 t + c_2 t^2 + c_3 t^3 + \cdots$ として，問題の式に代入して $c_0, c_1, c_2, c_3, \cdots$ の関係性を求める(このとき 2 つはわからないまま残る)。これが結果として，$C_1 e^{\lambda_1 t} + C_2 e^{\lambda_2 t}$ をテーラー展開したものと同じになる。

(2) ヒント：これまで通りの解法で得られた一般解 $f(t) = C_1 e^{\lambda_1 t} + C_2 e^{\lambda_2 t}$ の λ_1, λ_2 に $p+qi$, $p-qi$ を代入して，オイラーの公式を使う。

(3) ヒント：(1) と同様に，よくわからない関数 $f(t)$ を $f(t) = c_0 + c_1 t + c_2 t^2 + c_3 t^3 + \cdots$ として，微分方程式に代入して $c_0, c_1, c_2, c_3, \cdots$ の関係性を求める(このとき 2 つはわからないまま残る)。これが結果として，$C_1 e^{\lambda t} + C_2 t e^{\lambda t}$ をテーラー展開したものと同じになる。

索　引

■ 著 者

渡邉　努（わたなべ　つとむ）　1章，9章，10章
2002年　名古屋大学工学部物理工学科卒業
2007年　名古屋大学大学院工学研究科博士課程修了
現　在　千葉工業大学先進工学部教育センター教授，博士（工学）

木山　隆（きやま　たかし）　3章
1994年　京都大学理学部卒業
1999年　京都大学大学院理学研究科博士課程修了
現　在　千葉工業大学社会システム科学部教育センター准教授，博士（理学）

山下　基（やました　もとい）　2章，5章
1996年　京都大学工学部衛生工学科卒業
2004年　京都大学大学院理学研究科博士課程修了
現　在　千葉工業大学先進工学部教育センター准教授，博士（理学）

安武伸俊（やすたけ　のぶとし）　4章，6章，11章
2001年　九州大学理学部物理学科卒業
2007年　九州大学大学院理学府博士課程修了
現　在　千葉工業大学情報科学部教育センター准教授，博士（理学）

横田麻莉佳（よこた　まりか）　7章，8章
2014年　千葉工業大学工学部生命環境科学科卒業
2020年　千葉工業大学大学院工学研究科博士後期課程単位取得後退学
現　在　日本大学医学部一般教育学系物理学分野助教，博士（工学）

筑紫　格（つくし　いたる）　0章
1990年　大阪大学理学部化学科卒業
1996年　大阪大学大学院理学研究科博士課程修了
現　在　千葉工業大学工学部教育センター教授，博士（理学）

© 渡邉・木山・山下
安武・横田・筑紫 2021

2021 年 12 月 20 日　初 版 発 行

工学のための物理学基礎
—— 力学 ——

著　者

渡　邉　　　努
木　山　　　隆
山　下　　　基
安　武　伸　俊
横　田　麻莉佳
筑　紫　　　格

発行者　山　本　　　格

発 行 所　株式
会社　培　風　館
東京都千代田区九段南 4-3-12・郵便番号 102-8260
電 話 (03)3262-5256 (代表)・振 替 00140-7-44725

三美印刷・牧 製本

PRINTED IN JAPAN

ISBN 978-4-563-02532-8　C3042